KB262128

엄마
달인

엄마달인

정재은 지음

북하우스

어린 시절은 지울 수 없는 인생초기 기억들이 모이는 난롯가이며
평생 우리 삶을 지탱해줄 경험을 하는 시기다.
그러므로 아이를 키우는 일은 단지 교육적인 통찰력과 이론이나
목표의 문제만은 아니다. 아이를 키우는 일은 무엇보다 우리가 그
들에게 주는 사랑과 그 사랑이 만들어내는 추억에 관한 문제이다.

— 요한 크리스토프 아놀드, 브루더 호프 공동체 지도자

엄마, 당신은 어떤 강점을 갖고 있나요?

새근새근 잠든 아이 얼굴을 볼 때마다 오늘 일에 후회가 인다.

'미안해. 내일은 더 좋은 엄마가 되어줄게.'

하지만 아침에 반짝 눈 뜬 아이가 하루 종일 나를 휘저으면 어느새 소리 지르고 화내는 나로 돌아가 있다. '이게 아니었는데…….'

그래서 밤이 되면 또 반성한다. 잠든 아이 얼굴을 보면서!

엄마 노릇이란, 이처럼, 성체 모시는 수도자같이 한껏 성스러운 마음이었다가 죽지 못해 일하는 노예의 마음으로 돌변하는, 아침 다르고 저녁 다른 자기 분열적 체험일 때가 많았다.

EBS 〈60분 부모〉 방송 작가로 일하는 동안 나는 나와 같은 엄마들을 수없이 만났다. 날마다 최고의 교육자, 최선의 심리학자가 되어 아이를 키우려는 엄마일수록 그 정도가 더 심했다.

반성만 할 뿐 쉽게 변하지 않는 나. '완벽한 엄마'와 '될 대로 되라' 사이를 오르내리는 나. 그 사이에는 어떤 타협도 없었다. 우린 왜 자꾸 이러고 사는 걸까.

보통 엄마를 위한 모성이 필요하다

나는 착각했다. 임신과 출산의 고통을 거쳐 품안에 아이를 안게 되면 누에가 실을 토하듯 모성이 저절로 알아서 쓰윽~ 뽑혀 나올 것으로.

하지만 아이를 안는 순간의 뭉클한 감정과 잘해봐야겠다는 다짐은 24시간 생방송으로 벌어지는 육아 문제와 어려움에 답을 주진 않았다.

세상은 아직 모성이 뭔지도 잘 모르는 내게 무조건 모성을 내놓으라고 요구했다. 인생이 무언지 모르고 사는 것처럼, 모성이 무언지도 모르는 채 아이를 키우고 있다는 것이 더 맞는 말이다.

설상가상으로 '바람직한 모성이란 이런 거야'라며 세상이 내게 보여준 일명 '모범 모성'이 있었다. 자식 뒷바라지를 잘해 명사를 만든 어머니, 미국 유명 대학에 보내거나 특목고에 진학시키는 등 자녀의 탁월한 학업성과를 이뤄낸 어머니가 그들이다. 그런 엄마의 이야기는 남편을 통해, 시부모님을 통해, 어떨 땐 나 자신을 통해 무언의 압력으로 작용했다. 그리고 당장 그런 엄마들과 비슷한 모성을 보여달라고 내게 요구했다. 그것은 우리 사회를 지배하는 '일류 모성'으로 그 힘이 너무 강력해서, 나처럼 실수 잘하고 눈물 많은 엄마 가슴을 자주 멍들게 했다.

하지만 나는 또 당돌했다. 그들도 처음엔 초보 엄마였을 텐데…… 그들이 훌륭한 엄마 소리를 듣는 것은 혹시 뛰어난 '자녀들' 몫이 더 많았던 건 아닐까? 아님, 그녀 자신이 태생부터 나와 다른 영재 엄마는 아니었을까?

영재 엄마도 아니고, 영재 자녀를 두지도 않은 나 같은 보통 엄마들한테 왜 자꾸 너도 하면 돼, 라는 거야.

나는 나와 비슷한 초보 엄마들이 저마다 한두 가지 열악한 조건을 안고서 어떻게 모성을 눈치채고 배워나갔는지 그 과정이 궁금했다. 그런 모성을 닮아가는 것이 더 나답다고 생각했다. 그 이야기를, 아이를 다 키워놓은 엄마한테 듣는 것보다 오히려 나보다 한두 걸음 정도 앞서 가고 있는 엄마에게 듣는 것이 진솔하고 구체적일 것이라 생각했다.

자녀를 다 키우고 나면 강 건너간 배와 같아진다. 노를 젓는 동안 얼마나 힘들었는지, 얼마나 많이 화내고 속상해했는지는 대부분 까맣게 잊는다. 모든 추억은 아름다운 법이니까.

나는 나와 같은 시대, 내 주변에서 씩씩하게 잘 살아가고 있는 엄마들의 목소리가 듣고 싶었다.

세상에, 저 엄마도 나처럼 힘들었대. 대충 타협한 적도 많았대. 그래도 이것 이것만큼은 꼭 했다는군. 이런 목소리를 들어야 나도 분발할 수 있을 것 같았다.

이 책엔 유아부터 10세 무렵까지, 엄마가 아이를 키우는 동안 생각해봐야 할 주제들이 담겨 있다. 각각의 주제 안에서 엄마와 아이 사이에 있었던 햇살처럼 빛났던 에피소드들을 정리했다.

초보 엄마가 아이가 자람에 따라 수많은 과제들에 부딪치면서 차츰 성숙한 엄마로 변해가는 과정, 그 각각의 지점에서 생각해봐야 할 것들이 보일 것이다.

콩이면 콩답게, 팥이면 팥답게

인터뷰를 하는 과정에서 감탄스러웠던 것은 이 엄마들이 자신의 강점을 모성에 잘 활용했다는 점이다.

엄마가 못하는 것만 곱씹으며 전전긍긍하다가는 엄마도 아이도 상처투성이가 되기 쉽다는 점. 엄마가 잘하는 것에 매진하다보면 오히려 '모성'이라는 큰 그릇이 더 잘 보일 수도 있다는 점. 나는 이들을 보면서 아이들에게만 다중지능의 잣대를 들이밀 것이 아니라 엄마들의 모성도 다중지능이라는 관점에서 봐야 한다는 생각이 들었다.

또 하나, 이 엄마들은 인생에서 가장 소중한 것이 무엇인지를 직감적으로 알고 실천했다. 어린 시절의 행복감이 인생의 자양분이 될 것을 믿어 의심치 않았다.

나는 그들이야말로 어린생명을 키울 자격이 있는 사람들이었다고 감히 말하고 싶다. 무엇보다 경쟁이 치열한 한국사회에서 그런 배짱을 부릴 수 있다는 것, 참 대단하지 않은가. 이 책에 실린 다수의 엄마들이 아직도 자녀를 키

우는 과정 중에 있음에도 불구하고 내가 감히 '달인'이라 이름 붙인 이유가
바로 그 때문이다.

햇수로 5년 동안 EBS 〈60분 부모〉 방송작가로 일하면서 수많은 전문가들
한테 많은 것을 배웠다. 큰 행운이었다. 그 힘을 바탕으로 나는 이제 또 다른
스승들을 찾아 나섰다. 엄마 달인들이 바로 그들이었다.

이웃집 지혜로운 큰언니 같은 달인 엄마들! 이 엄마들을 만나다보면 지금
당신이 열심히 하고 있는 '육아방법' 중에 혹시 헛발질은 없는지 돌아볼 수
있을지도 모르겠다. 나도 그랬으니까.

오늘도 '완벽주의'와 '될 대로 되라' 사이를 징검다리 건너듯 오가는 이웃
엄마들에게 끝으로 꼭 드리고 싶은 이야기가 있다.

아이들이 요구하는 것은 완벽한 부모가 아니다. 자녀를 위해 '자기 자리'를 충실히
지키면서 최선을 다하는 괜찮은 엄마 아빠면 충분하다.

영국의 저명한 정신과학자 도날드W.위니콧D.W.Winnicott이 일찍이 강조한 말
이다.

우린 '모 아니면 도'는 잘한다. 하지만 인생은, 모성은, 도에서 모로 가는
과정이다. 참고 견디며 걸어가는 '중간 과정의 의미'를 우린 종종 놓친다. 모

에다 목숨 거는 일, 곧 일류 엄마를 목표로 삼다보면 당신은 밤낮 한숨 쉬거나 반성만 하다 끝나는 엄마가 되기 쉽다.

내가 콩이면 콩답게, 팥이면 팥답게 모성을 실천하자. 콩이 팥도 되고 율무도 되고 수수도 되려고 하니 늘 힘든 것이다. 마찬가지로 콩을 닮아 태어난 '작은 콩'인 우리 아이한테, 팥도 되고 율무도 되고 수수도 되어보라고 하니 아이도 매일이 불행하다.

콩이 콩답게, 팥이 팥답게 살면서 최선을 다 한다는 것. 구체적으로 어떻게 하는 것인지, 엄마 달인들에게 물었다. 이 책은 그에 대한 답이다.

2009년 4월

정재은

글자, 숫자교육보다 미술놀이를 먼저 하자

66
저는 뭘 만들어라 하기 전에, 던지고 자르고 찢고부터 합니다.
먼저 스트레스를 해소하고 난 다음에
아이들한테 해보라고 하는 거죠.
무조건 안에 있는 걸 표현하라고 하면 아이들이 힘들어합니다.
먼저 발산시키고 그 다음에 창의력을 발휘할 수 있도록
내재된 힘을 모아주는 것이 중요합니다. 99

내 마음대로 그려보기

초등학교 4학년 호준이, 3학년 태균이 형제는 어릴 때부터 남다른 경험을 했다. 집 안엔 항상 도화지와 크레파스, 물감, 이젤이 준비되어 있어서 원할 때면 언제나 뭐든 그릴 수 있었다. 하루는 의욕 많고 성격 활달한 동생 태균이가 베란다로 나가 유리창에 그림을 그리기 시작했다. 이젤 위의 종이가 너무 작게 느껴졌던 모양이다. 그 모습을 본 엄마는 유리창 위에 커다란 전지를 붙여주며 말했다.

"이제부턴 유리창에 붙인 전지에 그림을 그리렴."

그날 이후, 햇볕이 환하게 비치는 베란다에서 형제는 통 유리창을 이젤삼아 그림을 그리곤 했다. 엄마는 크레파스와 더불어 부드러운 붓도 쥐어주었다. 붓으로 그리는 그림은 크레파스와 또 다른 맛이 있었다. 쉽고 부드럽고 자유로웠다.

엄마는 목욕탕 안에서도 마음껏 물감놀이를 할 수 있게 해주었다. 타일 벽은 물론 서로의 몸에도 그림을 그려보곤 했다. 때때로 욕조 안에 물감을 풀어 물감이 번지는 모양을 보는 느낌도 별났다. 실컷 놀고 나면 엄마는 샤워기를 틀어주었다. 색과 색이 만나서 이상한 색으로 변하는 모습이 신기했다. 손, 발, 온몸에 묻은 물감을 씻어낼 땐 속이 다 깨끗해지는 듯했다. 형제는 환호성을 지르며 물감 씻기 놀이를 게임처럼 즐겼다.

물감 놀이뿐이 아니다. 때로는 방에 야외용 돗자리를 깔아놓고 점토 놀이도 하곤 했다. 엄마랑 두 형제가 같이 앉아 점토를 힘주어 주무르고 두들기고

던지고 자르고 놀았다. 실컷 놀고 나면 그릇이나 좋아하는 동물도 만들어보
곤 했다. 아파트 놀이터 모래밭도 훌륭한 미술 놀이터였다. 물을 가득 담은
페트병과 소꿉놀이 그릇들, 장난감 트럭, 모형 삽들, 이런 것들을 갖고 나가
서 물을 붓고 흙을 퍼서 한나절 모래 놀이를 하다보면 웬만한 놀이 공원보다
훨씬 신나는 놀이터가 되곤 했다. 엄마는 남다른 아이디어로 좁은 아파트 안
팎을 요리조리 잘 활용했다. 집이 좁다고 불평만 하지 않고 온갖 아이디어를
짜냈던 엄마, 덕분에 두 아이의 미술공간은 언제나 차고 넘쳤다.

호준이 태균이 형제는 말이나 글보다 물감을 들고 자기 마음을 드러내는
일부터 배웠다. 한 살 무렵, 냉장고나 거실 벽면에 단어카드나 숫자카드를
붙이는 대신 엄마는 이런저런 미술공간과 미술재료들을 만지고 놀 수 있도
록 미술환경부터 마련해주었다. 엄마는 또 다양한 체험놀이터에 많이 데려
가주곤 했다. 그곳에서 재미있게 놀고 온 경험은 그림이나 만들기의 좋은 소
재가 되곤 했다. 유아시절, 누구보다 알뜰살뜰 미술활동을 챙겨주었던 엄마.
엄마는 대학원에서 미술교육과 미술치료를 공부했다. 영유아기에 자유로운
미술활동이 얼마나 중요한지 잘 알고 있었고, 충실하게 그것을 실천했던 것
이다.

자녀의 미술작품을 대하는 바람직한 부모의 태도

학부모님께

아이가 소중한 자신의 그림을 집으로 가지고 왔을 때 부모가 보여주는 반응은 향후 몇 년간 아이의 미술 학습 태도에 매우 큰 영향을 줄 것입니다.

키가 3피트밖에 안 되는 작은 아이들에겐 사물이 매우 다르게 보인다는 사실을 기억하십시오. 아래쪽에서 보는 삶은 어른들과 동일하게 이루어지지 않습니다. 무엇이 중요한가에 대한 판단 또한 다릅니다.

파란색의 작은 점은 부모에겐 단지 작은 얼룩에 지나지 않을지 모릅니다. 하지만 어떤 아이가 말하더군요. "얼마나 아름다운 파란 공이에요."

공이 중요하다는 것이 아니라 색을 사용하는 중에 오는 즐거움이 중요하다는 얘깁니다. 부모가 이 모든 것을 이해하지 못한다 해도 공감을 나타내고 칭찬해주시기 바랍니다. 만약 그 작품에 대해 웃거나 농담을 한다면 아이는 색에 대한 즐거운 경험에 상처를 입게 될 것입니다.

'그림에 대해 내게 말해줄래?' 이 말을 꼭 기억해주시기 바랍니다.

−*Art, Another Language for Learning* 중에서

 '가르치기'가 아니라 '드러내게 하기'

유아는 말이나 글로 자신의 감정을 조리 있게 표현하지 못한다. 그림은 울음이나 몸짓처럼 아이들이 할 수 있는 원초적인 감정표현의 하나이다. 그러므로 전문가들은 아이가 그림을 가져오면 엄마는 그림 속에 담긴 아이 마음이 뭘까 헤아려보는 노력을 해야 한다고 말한다.

그런데 실상 우리 부모들은 어떤가. 아이가 그림을 그렸다고 가져오면 아이고, 이게 그림인가? 동그라미도 그리다 말고 선도 삐뚤빼뚤…… 도무지 난해할 뿐이다. 여기까지면 다행이게. 나도 모르게 슬그머니 이런 생각도 든다. '어디보자, 동그라미는 그런대로 모양 빠지게 잘 나왔는데 직선은 이게 뭐야? 힘도 없고 그리다 말았네. 선긋기 좀 시켜야 하나?' 이른바 잘 그렸나 못 그렸나 하는 '점수재기 눈'이 작동하게 되는 것이다.

우린 미술 가르치기에만 관심을 쏟지, 그림 속에 담긴 마음 물어보기는 잘 안 하게 된다. 당연하다. 우린 그게 뭔지 한 번도 경험하지 못했으니까.

일본의 저명한 미술교육가 도리이 아키요시鳥居昭美 교수는 '유아기에는 엄마가 아이의 그림에 대해 이것저것 물어봐야 비로소 그 그림을 이해할 수 있게 된다'고 했다. 아이들 역시 자기가 질문 받은 내용에 따라 자기 그림의 의미를 바꿔나가기도 한단다. 아하! 정답이 없는 거구나. 그냥 이런저런 애기를 나누는 거구나.

2~3세 정도라면 상냥하게 '이게 뭐니?' 하며 그림의 의미를 물어봐주고, 4세 이상이 되면 역시 상냥하게 '뭐하고 있는 거야?'라며 그림 속 내용을 물어

봐주라고 한다. 물론 그림을 묻는 것이 너무 지나쳐 꼬치꼬치 질문하는 것은 피해야 한다. 아이가 그림을 다 그렸다고 보여주었을 때, 혹은 너무 오래 그려 싫증이 난 듯 보일 때 분위기를 바꿔주는 차원에서 슬쩍 물어봐주라는 것이다. 이것이 유아시절 엄마와 아이가 나누는 미술활동이어야 한다. 형태와 색 공부는 초등학교 들어갈 무렵에 본격적으로 하는 것이란다.

그러나 학교 다닐 때 잘 그리는 아이들 그림만 교실 뒤 벽에 붙어 있었고 잘 그리는 아이만 각종 상과 인정을 받는 가운데 자라왔기 때문일까? 우리는 '서로가 어떻게 다른가'를 보는 눈보다 '누가누가 더 잘하나'를 식별하는 눈만 키워왔다. 오랜 세월 동안 나도 모르게 그런 '눈'만 키워왔으니 아이 그림을 보면 그 '눈'부터 번쩍 뜨이는 것이다.

이제 그 눈을 감고, '새로운 눈'을 떠야 한다니 쉬운 일은 아니다. 그러나 노력하자. 아이는 자기가 그리고 싶었던 것을 설명할 때 엄마가 끄덕여주고 공감해주고 혹은 살짝 놀라거나 기뻐하거나 슬픈 표정을 보여주어야 비로소 '표현의 즐거움'을 알게 된다고 하지 않는가.

호준이, 태균이 엄마 최순주씨는 두 아이의 유아시절, 이러한 기본정신을 착실하게 잘 지켰다. 섣불리 미술을 가르치려고 하지 않았다. 유아미술은 자유로운 표현놀이라는 점을 명심했다. 무엇보다 여느 엄마들과 달랐던 점은, 단어카드나 숫자카드보다 먼저 미술활동 무대를 마련해주었다는 점이다.

엄마가 시간표를 정해놓고, 상위에 8절지 스케치북을 펼쳐준 뒤 '자, 이제부터 미술놀이 할 시간이야. 그림 그려봐' 식으로 짜여진 프로그램처럼 하는 것은 이미 50점짜리 환경이다. '표현의 즐거움을 아는 아이'로 키우고 싶다면 순주씨처럼 맘 편히 미술놀이를 할 수 있는 '상설 무대'도 마련해주어야 한다. 표현의 욕구란 엄마가 정해준 '미술타임'에만 일어나는 것은 아니지 않은가.

집이 비좁다고? 최순주씨처럼 베란다 밖이나 목욕탕을 활용해보자. 점토 놀이는 돗자리를 깔고 하고 모래 놀이는 놀이터를 활용하자. 엄마가 마음을 열면 집 안에서도 집 밖에서도 언제든 '상설 미술놀이터'를 만나게 해줄 수 있다.

유아 미술활동 하는 엄마에게 드리는 당부

그림이 들려주는 이야기에 귀 기울이세요

아이의 그림은 눈으로 보는 것이 아니다. 그림을 통해 아이의 이야기를 듣는 것이 중요하다. 어른의 눈높이에서 아이 그림을 보지 말자.

형태를 가르치지 마세요

그림의 형태를 가르친다는 것은 일찍부터 색안경을 끼워주는 것이다. 아이가 자신의 눈으로 보고 자신의 언어로 말하고 자신의 생각을 정리하도록 한다.

미술활동은 어지럽히기 놀이예요

미술놀이는 어지럽히고 더럽히는 것의 연속이다. 특히 형태를 쉽게 바꿀 수 있는 물과 모래는 아이에게 최고의 재료이니 어지럽히고 더럽히는 것을 꺼리지 말자.

아이의 그림 모양과 색을 함부로 속단하지 마세요

5세 이전엔 한 가지 색이나 손에 잡히는 색을 주로 사용한다. 다양한 색을 안 쓴다고, 어두운 색만 쓴다고 지레 염려하지 않아도 된다.

재미있는 체험놀이를 많이 해주세요

아이 마음에 인상 깊은 일, 재미있었던 체험은 생생한 그림, 진실된 그림, 생각이 담긴 그림을 그리는 재료가 된다.

—『엄마가 어떻게 그림 지도를 할까』 중에서

"아이는 놔두고 산모만 퇴원하시죠."

서른다섯 살에 결혼하고 서른일곱 살에 첫아이 호준이를 낳은 최순주씨. 원래 전공은 불문학이었지만 미술에 관심이 있어 대학원에 진학, 미술교육을 전공했다. 넉넉하지 못한 형편에서 일하며 배우며 사느라 늦어진 결혼, 무사히 아이를 낳고 보니 인생의 큰 숙제를 푼 듯 한시름 놓을 수 있었다. 노산이었지만 무사히 자연분만도 감행했다. 그런데 문제가 생긴 것이다.

일주일 후, 아이가 선천성 거대 결장이니 수술을 해야 한다는 통보를 받았다. 아이는 몸무게가 10킬로그램이 될 때까지 생후 약 1년 동안, 대장을 배꼽 옆 몸 밖으로 빼내서 변을 받아내야 했다. 이후 장이 원위치를 찾기까지 아이는 네 차례의 수술을 받았다. 어린 나이에 남다른 스트레스를 받아서일까. 아이의 성장속도가 느렸다. 감기만 걸려도 장에 가스가 차거나 장염으로 이어졌고 복통 때문에 힘들어했다.

아이의 몸집은 왜소했고 말도 뒤처지기만 했다. 네 살 무렵, 호준이는 언어치료를 받기 시작했다. 더 이상 놔두면 또래 관계며 사회성 발달에 지장이 생길 것 같아 전문가 진단을 받고 취한 조치였다.

의사는 아이가 성장하면서 점차 좋아질 거라고 했다. 체격이 커지고 몸에 힘이 생기면 복통도, 가스 차는 일도 나아질 것이라고, 열 살이 넘으면 많이 좋아질 것이라고 했다. 그러나 유아시절 잦은 입원과 퇴원을 반복하면서 아이의 몸은 메말라갔고 신경은 예민해져갔다.

말이 어눌하니까 친구들과 활발하게 어울리지도 못했고 자신감도 부족했다. 또래 아이들이 웅성거리는 소리도 힘들어했고 선생님이 뭐라 물으면 말이 잘 안 나와 울기부터 했다. 장애아는 아니었지만 신체적인 한계 때문에 지쳐 있는 아들에게 엄마는 사랑을 많이 주고 자주 껴안아주고 스킨십도 많이 해주었다. 기저귀를 찰 때마다 이걸 왜 해야 하는지, 약을 먹을 땐 '네가 안 아프려면 이건 꼭 먹어야 해' 자상한 설명도 해주면서 정성껏 키우려고 노력했다. 언어표현이 뒤쳐지기 때문에 '말 잘하는 것'만 가르치지 않고 '잘 듣는 능력'도 키워주려고 노력했다.

호준이에겐 두 살 아래 동생 태균이가 있다. 사실 부부는 큰아이 수술을 마치고 병원 문을 나서면서 다시는 아이를 갖지 말자고 했단다. 원인도 모르는 채 뱃속에서부터 아파서 나오는 아이를 보니까 겁이 났던 것이다. 그런데 둘째가 생겼다. 낳고 보니 둘째 역시 형과 똑같은 선천성 거대결장이었다. 둘째도 형과 비슷한 경로를 거쳐야 했다. 다만 둘째는 훨씬 더 건강하고 에너지가 많은 아이였기에 예후도 좋았고 회복도 한결 빨랐다. 둘째는 곧바로 또래의 발육을 따라잡았고 형까지 잘 챙기는 둘도 없는 친구가 되었다.

첫아이는 2.82킬로그램, 둘째아이는 3.5킬로그램. 동생은 형보다 건강하게 태어나서인지 뭐든 흡수도 빠르고 회복도 빨랐다. 욕심도 많고 밥도 잘 먹었다. 밝고 에너지가 많은 아이였다. 그래서일까? 둘째아이가 유모차를 타면 큰아이는 어느새 순주씨 등에 업혀 있었다. 그렇게 업고 가다 힘들면 첫째아이를 유모차에 내리고 둘째아이는 걸려야 했다. 형 때문에 둘째는 여간해선 엄마 등에 업혀보지 못하는 아이로 자랐다.

형이 복지관에서 언어치료를 받을 때에도 동생은 형 물건을 하나씩 들고 가서 건네주고 "형 갔다 와." 의젓하게 인사를 건네곤 했다. 형이 울면 울지 말라고 눈물을 닦아주기도 했다. 식구들이 못 알아듣는 형의 말도 작은아이 가 나서면 통역이 되곤 했다.

한번은 둘이서 밖에 나갔다 오더니 큰아이가 뭐라고 한참을 졸랐다. 엄마 도 외할머니도 아빠도 못 알아듣는 그 말을 동생이 전했다.

"엄마, 솜사탕 사달래."

언어치료를 받던 큰아이는 동생의 말문이 트이면서 급속하게 어휘가 늘기 시작했다. 작은아이의 영향을 큰아이가 받은 것이다. 이따금 싸우기도 하고 서로를 질투하기도 하지만 형에게 동생은 둘도 없는 친구이자 동반자다.

"동생을 잘 낳으셨군요."

그러자 순주씨가 잠시 머뭇거렸다. 고백할 게 있다고 했다. 다름이 아니라 둘째 임신을 알게 됐을 때 마음속으로 주문을 외웠다고 한다. 동생이 생기면 큰아이에게도 위로가 되고 친구도 되지 않을까 기대했다는 것이다.

'너는 건강하게 태어나서 형을 많이 보살펴줘라.' 큰아이와 함께 미술놀이 를 할 때에도 뱃속의 작은아이에게 넌지시 다짐을 주곤 했다. '아가야, 잘 보 고 잘 배워서 세상에 나오면 형하고 잘 놀아주렴.'

순간 내 안에서 '말'들이 수런거렸다. '잘 아실 만한 분이 그런 생각을 하시 다니요? 둘째에게 짐을 주신 거잖아요. 아우의 인생도 형만큼 존중되어야 하 는 것 아닌가요?' 내 속에서 속사포처럼 쏟아져나온 생각들은 그러나 순주씨 의 다음 말에 그만, 화이트아웃 되어버렸다.

"첫아이는 첫아이대로 둘째아이는 둘째아이대로, 각자의 인생이 있다는 걸 알지만 아픈 아이를 키워보세요. 독립적인 존재로 키우기보다 두 아이를 한데 묶어 생각하는 일이 현실적으로 훨씬 더 많이 일어나게 됩니다. 그게 이론과 다른 현실이에요. 실질적으로 둘째아이가 형을 많이 챙기고 있어요. 짐을 줬고 아이가 그걸 받아 안은 거죠. 둘째아이를 생각하면 너무너무 미안해요.”

큰아이는 순주씨 모성의 아킬레스 건이었다. 고백하건대 내 안엔 육아 프로그램을 만들면서 보고 들은 ‘이론’만 가득했다. 양육은 ‘이론’대로만 진행되지 않는다. 나는 발을 다쳐 기브스를 하고 있는 사람에게 마사이족 보행법을 들이댔던 건 아닐까.

남다른 사연을 지닌 두 아이를 키우면서 순주씨의 전공은 자연스레 미술교육에서 미술치료로 바뀌었다. 특히 또래보다 반 박자쯤 늦게 가고 있는 큰아이에겐 위로가 필요했다. 지치고 힘든 엄마 자신의 마음도 치유받고 싶었다. 미술엔 그런 힘이 있었다.

내가 물었다.

“만약 두 아이가 아프지 않았다면 그래도 미술활동을 우선순위에 두셨을까요?”

순주씨가 말했다.

“그래도 했을 테죠. 유아시기엔 글자나 숫자공부보다 미술활동, 미술놀이를 더 많이 해야 정서, 인지 발달에 고루 좋다는 걸 알고 있었으니까요. 다만 내 아이들이 아픈 아이들이었기에 나는 그 일을 더 진실되게, 더 성실하게 했습니다.”

 ## 아픈 아이에게도 자기 조절력은 필요하다

몸 약하다고 마음까지 약하게 키울 순 없었다. 부부는 노심초사하는 마음으로 두 아이 건강을 챙겼다. 우선은 부부가 두 아이를 업고 안고 주말마다 가까운 산에 오르기로 했다. 산에 올라 맑은 공기도 쐬어주고 우유, 간식도 먹이고 나면 이번엔 부부가 차 한 잔씩을 마실 차례. 그렇게 서너 시간의 산행을 마치고 내려오곤 했다. 아장아장 걷게 되면서부터는 걸을 수 있는 만큼 걷게 하고, 힘들어하면 안아주는 식으로 산에 올랐다.

"솔직히 말하면 자꾸 꾀가 나려고 했어요. 공부하랴 일하랴 엄마 노릇하랴 지치고 피곤해서 주말이면 드러눕고 싶었거든요."

그럴 때마다 남편은 '당신이 건강해야 아이들을 돌볼 수 있으니까 무조건 가야 한다'고 밀어붙였다. 남편의 반 협박에 의해 강제로 다닌 산, 하지만 그렇게 십여 년을 살아온 덕분에 순주씨도, 두 아이도 이제는 제법 산을 잘 탈 수 있게 됐다.

봄 여름 가을 겨울, 사계절마다 다니는 등산은 아이들의 좋은 그림 소재가 되기도 했다. 엄마 아빠와 산에 올라가 간식도 먹고 사진도 찍고 철마다 피어나는 예쁜 꽃, 나무도 살피고! 가족은 생명줄을 잡듯 등산에 매달렸다. 아이들이 꽤 자란 지금까지도 주말산행은 어김없이 진행되곤 한다. 비가 와도 이 가족은 우비를 입고 산에 오른다.

장기능이 약한 아이에게는 일상의 먹을거리가 큰 문제가 아닐 수 없었다.

순주씨는 아이들에게 초등학교 입학하기 전까지는 햄버거, 피자 등의 인스턴트 음식은 전혀 안 먹이고 주로 자연식을 먹였다. 그러다가 '먹고 싶은 것도 먹어야지. 어린애가 자연식만 먹고 살면 너무 재미없지 않나' 싶은 생각이 들었다. 학교에 입학하면서는 가끔 또래 아이들이 즐겨먹는 아이스크림도 사서 먹여주곤 했다. 입맛이 당겨서 좀 많이 먹으면 아이는 영락없이 복통을 앓았다. 그럴 때마다 엄마는 '너무 차거나 너무 자극적인 것을 먹으면 배가 아플 수 있다'는 말을 꾸준히 일러주었다.

이제는 아이가 자신의 컨디션에 따라 알아서 입맛을 조절한다. 배가 아프면 "엄마, 저는 배가 아프니까 안 먹을래요." 하면서 과자나 아이스크림을 딱 끊는다. 그러다 좀 괜찮으면 조금씩 다시 찾고. 이렇게 아이 스스로 조절하는 모습을 보이자 군것질은 이제 대부분 아이한테 맡겨놓고 있다. '좋지 않은 음식'을 먹으면 자신의 몸에 '좋지 않은 신호'가 온다는 것을 아이가 이해하기 시작한 것이다.

순주씨의 담대함에 관한 일화, 한 가지 더. '건강'이 화두였던 이 엄마는 놀이터에 데리고 나가면 철봉 매달리기를 시켜보곤 했다. 밑에 모래가 많이 깔려 있어도 엄마들은 철봉에서 아이가 떨어질까 봐 지레 염려를 하는 경우가 많다. 그런데 순주씨는 일부러 외면을 했다. 떨어져도 툭툭 털고 일어나라고 가르쳤다. 가뜩이나 몸이 아픈데 일거수일투족을 호들갑 떨며 받아주면 응석받이로 자랄 것 같아서였다. 그랬더니 웬걸 아이가 툭툭 털고 일어나더란다. 몇 번의 시행착오를 겪으면 아이 스스로도 조절력을 키워나갈 수 있다. 어른들은 그걸 믿어주어야 한다.

건강은 많이 좋아졌지만 학습은 아무래도 쉽지 않았다. 일곱 살이 되자, 부모는 머리를 맞대고 고민했다. 1년 유예를 시킬까? 그렇게 되면 동생 태균이와 한 학년이 되는 게 마음에 걸렸다. 태균이는 1월생, 의욕이 넘치고 호기심이 많아 일곱 살에 학교를 보낼 생각이었던 것이다. 대안 학교를 보낼까? 입학할 때 내는 기부금과 매달의 학비가 부담스러웠고 무엇보다 일하는 엄마로서 대안학교 프로그램을 뒷바라지하기에 자신이 없었다.

그 무렵 폐교위기에 처한 소규모 학교 소식을 들었다. 가족적인 규모의 작은 학교에 아이를 보내면 참 이상적이겠다 싶었다. 그런데 집에서 학교까지의 거리가 꽤 멀었다. 운전도 못하는데 버스를 타고 아이를 매일같이 데려다줄 엄두가 나지 않았다. 신체적인 한계가 있는 아이를 교육적인 욕심만 갖고 생고생을 시키는 것도 마음에 걸렸다. 부부는 그냥 눈 딱 감고 집 근처 공립학교에 보내기로 결심했다. 부딪쳐보자. 아이를 믿어보자. 그렇게 해서 보낸 집 근처 공립학교에서 호준이는 현재 큰 탈 없이 4학년을 맞고 있다.

 # 담임선생님께 아이를 부탁하기

직장 때문에 학교를 자주 찾아갈 수도 없는 형편, 순주씨는 담임교사에게 이메일 편지를 통해 아이의 상황을 알리고 도움을 요청했다. 연세가 지긋한 1학년 담임선생님은 순주씨의 애타는 마음을 다행히도 잘 이해해주었다. 선생님은 책을 읽을 때 호준이가 머뭇거리면 기다려주고 격려해주었다. 서툴게라도 읽고 나면 '잘했다'고 아낌없는 칭찬도 해주었다.

편지쓰기는 2학년, 3학년에 올라가서도 계속되었다. 워낙 좋은 선생님들을 만난 덕분이기도 했지만 순주씨의 '예의 바른 편지'들도 호준이의 학교생활에 도움이 되었다.

담임선생님께 보낸 부탁 편지

안녕하세요, 선생님.

담임을 맡으신 선생님께 감사드립니다. 저는 윤호준 어머니 최순주입니다.

호준이는 어려서 선천성 거대결장이라는 특이한 질병을 갖고 태어나 생후 15일만에 큰 수술을 받는 등 3세가 될 동안 4번이라는 대수술을 받았습니다. 약하게 태어났지만 어렵게 고비를 넘기고는 잘 자라주었지요.

어려서 큰 수술을 받은데다 특히 장이라는 특수성 때문인지 배에 힘이 없어 기운도 없고 목소리도 작아 의기소침해 있습니다. 만4세부터 언어치료를 받아 많이 좋아졌지만 쉽게 발음이 고쳐지지 않고 자꾸 위축감이 드는지 자신이 없어합니다.

현재 호준이의 상태는

1. 장에 가스가 잘 차서 방귀가 잘 나오는데 방귀 냄새가 정말 장난이 아닙니다. 혹시라도 방귀를 뀌면 교실 문을 열어 환기를 해야 할 것입니다.

2. 방귀를 뀌면서 배변이 조금씩 묻어나오는 경우가 있습니다.(몸 상태가 안 좋으면) 팬티에 변이 조금 묻게 되면 냄새가 나는데 제가 많이 주의를 기울이겠습니다.

3. 장에 가스가 차게 되면 혹시 급식을 하게 되는 경우 밥을 먹지 않습니다. 본인이 조절을 하게 되므로 식사량이 많이 줄 것입니다.

4. 목소리가 작고 발음도 분명하지 않아 대화를 할 때는 자주 질문을 받게 되는데 그러면 자꾸 뒤로 숨게 되며, 잘한다고 칭찬을 해주면 열심히 하려고 노력합니다.

5. 이러한 여러 가지 이유에서인지 울음이 많습니다. 조금만 뭐라 해도 눈물을 쏟는데 대화를 하면 이해를 잘 하므로 선생님께서 많이 힘드시겠지만 사랑의 눈길만 보여주시면 호준이는 많이 좋아질 것이라 생각됩니다.

처음 입학하는 낯선 학교, 새로운 환경, 새로운 친구들과 잘 어울릴까 걱정이 많이 됩니다. 사교성이 부족하여 친구가 많지 않은 우리 아이를 담임선생님께 부탁드리니 죄송할 따름입니다.

윤 호 준 (모) 최순주

단체생활을 하다 보니 여러 가지 세심하게 주의해야 할 상황들이 생기기 시작했다. 학년이 올라가면서 순주씨의 편지는 좀 더 상세해지기 시작했다.

우리 아이가 남다른 어려움이 있으면 순주씨처럼 예의를 갖춘 편지로 담임교사와 잘 소통하면 좋을 것 같다. 편지를 쓸 때엔 아이 상황을 솔직하고 객관적으로 표현하자.

순주씨는 편지를 학년 초에 곧바로 보내지 말고 일주일에서 이주일 정도가 지난 후, 교사가 아이들 상황을 어느 정도 파악하고 난 후 보내는 것이 더 좋다고 했다. 그녀는 또 학년이 끝날 무렵에도 감사 편지를 보내곤 했다.

순주씨의 편지에서 인상적인 점은, 아이의 어려움만 적지 않았다는 점이다. 지난 학년 동안 아이가 보여준 작은 발전들도 더불어 기술했다. 아이의 어려움과 아이의 성과를 담담하게 예의 바르게 적고 선생님의 배려를 부탁드리는 것, 난 순주씨의 지혜를 이 편지에서도 느낄 수 있었다. 엄마가 이 정도로 예의 바르게, 일관되게 행동하면 교사들 사이에서도 입소문이 나기 마련이다. 실제로 1학년 담임선생님은 순주씨가 보낸 편지를 동료교사들과 돌려보았다며 순주씨를 친동생처럼 마음으로 따뜻하게 잘 대해주었다. 엄마가 정말로 진실되게, 간절하게, 예의를 갖춰서 '진심'을 보내면 교사들에게도 그 진심이 그대로 전해진다. 우리의 아이들을 맡은 교사들도 대부분 누군가의 부모이거나 부모가 될 분들이니.

담임선생님께 보낸 감사편지

안녕하세요, 선생님.

아이를 맡기고 1년이 다 되었습니다.

아이를 선생님께 맡기고는 무심한 엄마가 되어 혼자서 어쩔 줄을 몰라 할 때가 많았죠.

혼자서 감당하기 어려울 것 같은 친구들과의 관계, 선생님과의 만남, 이 모든 것들이 낯설기만 할 텐데 호준이가 꿋꿋하게 견디어내고 더 나아가서는 사회성을 배워가는 것이 대견합니다. 선생님의 가르침이요, 덕택이라고 생각됩니다.

엄마라는 이름표만 달았을 뿐 너무 나약하게 키운 것은 아닌지 조바심도 나고 걱정되고 다른 엄마들처럼 학교를 자주 가는 것도 아니고 그렇다고 아이에게 충분히 신경을 쓰지도 못하였지만, 어차피 혼자 갈 길이라고 생각하고 일찍이 홀로 서는 법을 배우는 것도 그리 나쁘지는 않은 것이라며 스스로 위안을 삼고 있습니다.

선생님.

정말 감사드립니다.

따스한 미소와 정감어린 시선으로 호준이의 변화된 모습을 말씀해주실 때마다 얼마나 감사했는지 모릅니다. 호준이가 많이 여리고 부족하지만 좀 더 친구들과 어울리고 자신감을 갖고 성장할 수 있는 어린이로 자라주기를 바라며 꼭 그렇게 성장할 거라 믿고 싶습니다. 1년 간의 학교생활이 호준이에게도 잊혀지지 않는 학창시절이 될 거라 생각됩니다.

새해 복 많이 받으시고 항상 건강하세요.

가끔 학교에서 뵙게 되면 반갑게 맞아주시고요.

감사합니다.

윤 호준 (모) 최 순 주

순주씨는 솔직하게 말했다. 큰애가 아프다고 하면 자다가도 벌떡 일어나는데 작은애가 아프다고 하면 "괜찮아. 참을 수 있어." 한다고. 큰아이에겐 '꽉 찬 사랑'을 주지만 작은아이에겐 상대적으로 '아쉬운 사랑'일 거라고. 엄마의 관심이 형에게 더 쏠린 것을 알았는지 동생은 아빠의 사랑을 겨냥했다. 자다가도 아빠가 퇴근하는 시간이면 눈을 뜨고 아빠한테 인사를 한다는 것이다. 아빠는 은연중에 그러는 둘째아이를 더 예뻐한단다.

순주씨도 이따금 둘째한테 마음이 더 가곤 하는 순간들이 있다. 둘째는 딸처럼 엄마 마음을 감도는 아이다. 학교에 들어가면서 공부도 형을 앞지르기 시작했다. 봐주지 않아도 작은애는 늘 받아쓰기 100점을 받아 오지만 큰애는 공부를 봐주어야 70~80점을 받아오는 실력, 100점은 가뭄에 콩 나듯 어쩌다 한 번 있는 일이었다. 형이 슬슬 동생을 의식하기 시작했다.

"엄마, 내가 1학년 때 받아쓰기 100점이 몇 번이었지?"

원래는 한 번인데도 엄마는 담담하게 말해주곤 했다. "어, 너는 세 번이야." 작은아이가 계속 상장을 받아 오면 엄마는 또 이렇게 말해주곤 했다.

"태균이는 어리잖아. 태균이는 어리니까 받는 거고, 너는 한 학년이 위니까 상장이 그렇게 많이 나올 수가 없어."

자기보다 여러모로 앞서가는 동생을 형이 의식하기 시작한 것이다. 형이 스트레스를 받을 때마다 엄마는 동생에게 넌지시 당부하곤 한다.

"태균아, 너는 형이 그럴 때는 한 발 물러서 있고 형이 못하면 못한다고 나

서지 마." 작은아이도 이미 엄마와 암묵적인 합의를 한 상태다.

"엄마, 형이 말을 잘 못하고 힘들어하는 건 형이 나보다 많이 아팠기 때문이지. 그리고 앞으로 점점 좋아질 수 있는 거지."

순주씨는 작은아이가 몸 약한 형에게 양보하고 배려하는 법을 배우는 것이 나쁘지 않다고 생각한다. 대신 작은아이의 상실감을 남편을 통해 보상해주려고 했다.

하지만 한 가지 우려가 생긴다. 계속 이러면 동생이 혹여 형을 얕보게 되진 않을까?

"아이들마다 장단점이 있습니다. 큰애는 겁이 없고 두려움도 없고 꼼꼼해요. 침착하죠. 그런데 작은아이는 겁이 얼마나 많나하면 가스불도 못 켜고 못 꺼요. 두 살 차이라는 발달연령도 무시 못하구요. 큰 아이가 요리하는 걸 좋아해서 저는 일찍부터 하게 했습니다. 라면도 끓여서 동생이랑 같이 먹고 계란도 삶거든요. 속으론 좀 불안한데 지켜봐주려고 노력했죠. 방법도 잘 일러주었구요. 믿어주니까 큰아이도 침착하게 잘 해보려고 더 노력하더라구요. 형이 요리하면 동생은 '엄마! 형이 했어요. 칼도 만져요.' 해요. '괜찮아. 형은 할 수 있어.' 해주죠. 그러면 작은아이는 또 '엄마, 형이 라면을 끓여줬는데 되게 맛있어. 나는 못하는데 형은 잘해.' 그래요. 작은아이는 그렇게 형을 인정하는 걸 배우게 되는 거죠. 아무것도 못하는 아이는 없습니다. 서로의 장단점을 잘 일러주고 못하는 것을 서로서로 협조하게 하면, 자기들끼리 자연스럽게 우애를 터득하더라고요."

그러나 한창 자라나는 형제가 날이면 날마다 서로 위로하고 배려만 하던가. 두 아이도 몸으로 부딪치거나 다투는 일을 만들곤 한다. 이럴 땐 순주씨가 언제나 형의 편을 드는 것은 아니다. 큰아이도 더러 잘못을 하고 심술도 피우니까. 두 아이가 모두 납득할 수 있는 어떤 규칙이 필요했다. 형제끼리 싸우고 나면 서로 억울한 마음이 가득하고 부모에게 고해바치고 싶어하는 심리가 생긴다. 그래서 부부가 고안한 것이 바로 신문고 제도다.

엄마, 아빠는 신문고를 통해 접수된 불만을 주말마다 심사한다. 결과는 상벌로 주어진다. 가장 큰 벌은 10여 분간 손들고 벌서기를 하며 반성하기. 작은 벌은 주말에 형제가 재활용 분리수거를 할 때, 잘못한 사람이 더 무겁고 많은 짐을 드는 것. 반대로 억울했거나 위로가 필요한 사람에겐 컴퓨터 게임 시간이 좀 더 늘어나거나 그밖에 좋아하는 일을 할 권리가 주어지기도 한다.

형제 갈등에 대처하는 방법

신문고

1401년(조선 태종 1) 백성들의 억울한 일을 직접 해결하여줄 목적으로 대궐 밖 문루門樓 위에 달았던 북으로 <u>윤호준, 윤태균의 집에서는</u> 형제들 간의 의견 다툼, 싸움 등을 해결하기 위해 설치한다.

1. 형이 동생을 욕하거나, 때리거나 지나치게 뽀뽀하거나 심한 장난을 할 경우
2. 동생이 형에게 반말하거나 욕하거나 심한 장난을 할 경우

이 사항을 지키지 않으면 날짜, 시간, 내용을 적어놓기 바람.

절대로 주먹이나 몸을 사용해서는 안 됨.

미술교육과 미술치료

미술교육과 미술치료는 어떻게 다를까?

다양하고 자유로운 미술놀이(활동)는 아이의 발달에 마치 종합영양제와도 같다. 그림 그리기나 만들기를 통해 손과 손가락 감각을 훈련하고 눈과 손의 협응력도 키워가며 관찰력과 창조성을 키워나갈 수 있기 때문이다. 그러므로 유아기 미술활동은 자연적으로 '미술 교육적'인 성격을 띠고 있을 수밖에 없다.

미술놀이(활동)는 어린 아이들을 편안하게 해주는 진통제나 안정제와도 같은 역할을 한다. 그림을 통해 마음속에 있는 것들을 훌훌 털어낼 수 있는 것이다. 유아기 미술활동이 다분히 '미술치료'적인 성격을 띠는 이유가 바로 이 때문이다.

순주씨는 미술교육적인 것과 미술치료적인 것 두 가지를 다 아우르고 있다. 그녀는 현재 미술치료사로 일하고 있는 중이다.

● 미술놀이는 언제부터 시작했나.

한 살 무렵부터 준비를 해줬다. 엎드려 기기 시작할 때부터 아이들은 그림을 그릴 수 있다. 우유병에서 우유가 조금 엎질러지면 아이들이 그것을 손으로 툭툭 치는데 이 또한 자기표현이다. 그러므로 돌 무렵부터 미술재료들이 주어지면 좋다고 생각한다. 아이들이 손에 쥐고 입에 들어가는 것만 방지할

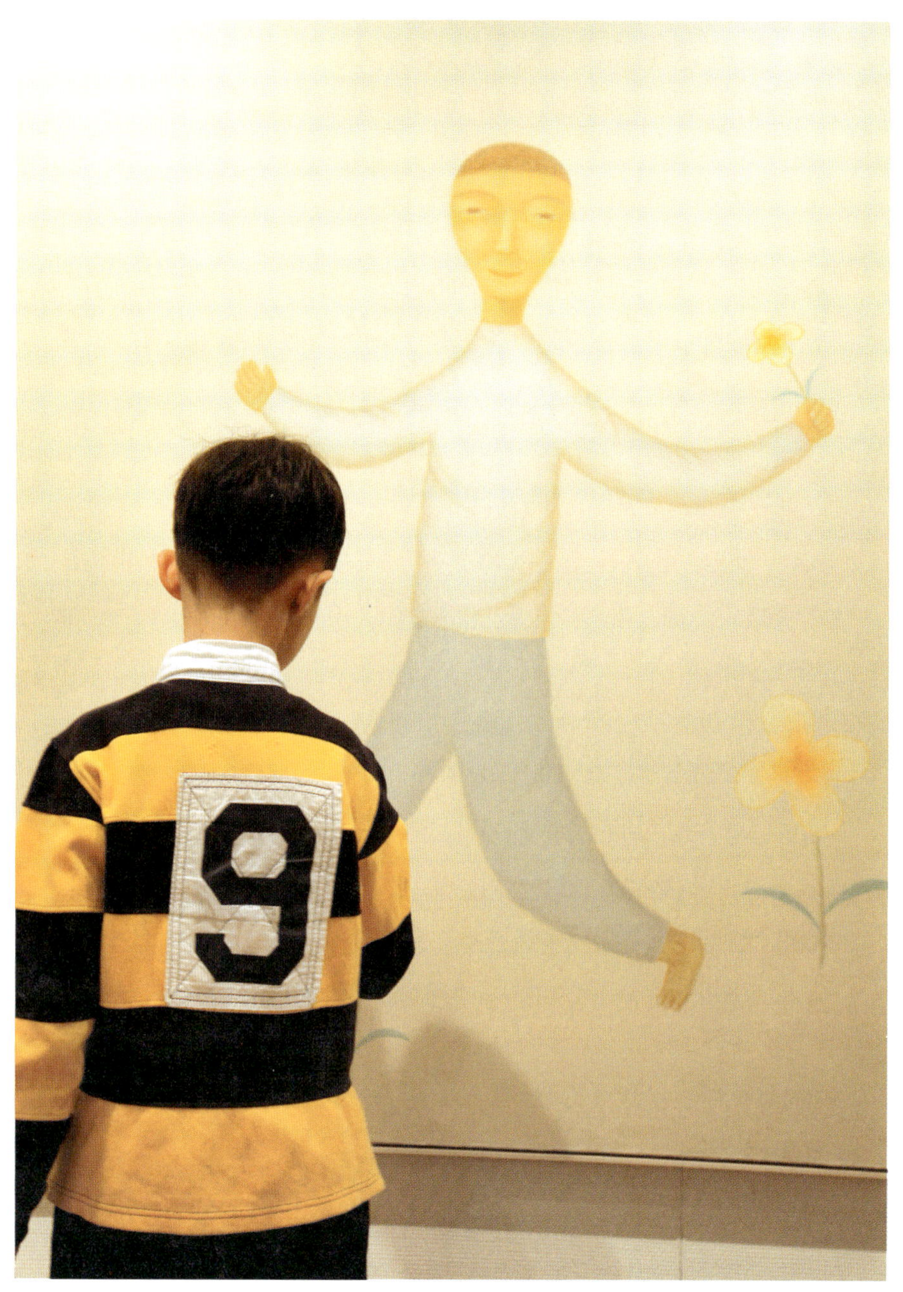

수 있다면, 엄마가 주의 깊게 지켜봐주신다면 더 일찍 시작해도 된다.

● **주로 한 활동이 무엇인가.**

스케치북 4절지, 5절지 사다놓고 크레파스나 물감으로 자유롭게 그리기, 혹은 목욕탕에서 물감놀이를 많이 했다. 점토놀이나 모래놀이, 그리고 체험 놀이터 가기도 중요한 일들이었다.

● **일반적으로 8절지 스케치북을 많이 사주는데 꽤 큰 종이를 주셨다.**

3,4세 미만의 영유아들은 손놀림이 아직 충분히 발달하지 못해서 작은 종이를 주면 자주 종이 밖으로 그림이 뻗쳐나간다. 유아에겐 큰 종이를 주는 게 좋다고 본다.

● **아이와 미술활동을 잘 하려면 엄마가 전문가거나 소질이 있어야 한다고 생각하는데.**

평범한 엄마라고 해서 미술활동을 못하는 건 아니다. 아이가 충분히 놀 수 있는 공간을 마련해주고, 다양한 미술재료를 갖춰주고, 아이가 그려오는 것, 만들어오는 것에 충분히 공감해주고 긍정적인 반응을 줄 수 있는 엄마라면 누구든 양질의 미술놀이(활동)를 할 수 있다고 생각한다.

● **집이 작거나 거실이 좁으면 소극적으로 하게 되는 경향이 있다. 좋은 건 알지만 치우기 힘 들어서.**

우리 집도 아주 작았다(웃음). 엄마들이 미술활동을 할 때 집에 물감 칠하는 거 싫어한다. 치우는 것도 번거롭게 느껴지고. 나라고 왜 그런 맘이 없었

겠는가. 비좁은 거실에다 상설 장소를 마련해놓기란 쉽지 않다. 그래서 베란다를 이용했다. 아예 바닥에 종이를 많이 깔아놓고 유리창에 전지 붙여놓고 크레파스나 붓 같은 걸로 놀 수 있게 해주었다. 밝은 햇살이 들어오는 곳에서 밖을 보며 물감으로 색을 칠하든 점을 하나 찍든 자연과 벗 삼아서 할 수 있게 해주니까 애들도 좋고 나도 좋았다.

목욕탕도 아주 좋은 곳이다. 목욕탕에다 붓을 몇 가지 갖다놓고 타일에 그림을 그리라고 한다. 빨간색 물감으로 칠하기도 하고 파란색 물감으로 칠하기도 하고. 손등이나 발등, 팔에도 칠하고 벽에도 칠하라고 한 다음에 샤워기를 준다. 샤워기에서 물감들이 씻겨 나가면 아이들이 환호성을 지르면서 좋아한다. 그게 물감놀이다. 색깔이 섞이면서 생기는 변화도 배우게 된다. 또한

탕 속에 물감을 넣어서 뿌려보기도 했다. 우리 아이들이 자주 변을 보고 자주 씻겨야 하는 상황이라 목욕탕에 있는 시간이 많다보니 그 시간을 지루하지 않게 재미있게 채워주려고 했다.

● **어릴 때 크레파스보다 붓을 더 많이 주셨던 것 같은데.**

어릴 때는 손목 힘이 약해서 크레파스나 연필보단 붓이 더 쉽다. 또 베란다에서 유리창을 이젤 삼아 놀 때에도 붓이 덜 위험하다. 다만 일반 수채화물감은 잘 흘러내리니까 포스터물감을 사용하는 것도 좋을 것 같다.

● **색은 몇 가지 정도 준비해주셨나.**

영유아시기엔 가장 단순한 기본 색만 준비해주는 게 좋다고 생각한다. 서

너 살 이전엔 한두 가지 색만 줘도 된다. 아이들이 갖고 놀 수 있게끔.

● **일단 기본색을 익히게 하는 건가.**

그렇다. 기본색이다. 아이가 색을 인지하게 되는 건 적어도 두 돌 반이 지나야 한다고 한다. 또 유아들은 자기 나이만큼의 색깔을 인지한다는 말도 있다. 다섯 살이 되기 전엔 한 가지 색만 갖고 그리는 경우도 많다.

과거엔 미술이 인지가 되어야 한다고 했는데 영아미술활동에서는 인지가 안 돼도 상관없다고 본다. 빨간색을 알고서 칠하는 것이 아니라 뭔가를 칠한다는 것에서 기쁨을 맛보게 하는 것이다. 그래서 한 살에 시작해도 된다. 색깔을 인지하는 게 아니라 자신의 감각, 촉각을 느끼게 해주는 것이다.

● **그럼 다양한 색깔그리기는 언제부터 가능해지나.**

4~5세는 돼야 아마도 두세 가지 색을 쓰는 일이 가능해질 것이다. 그 이전엔 한 가지 색으로 그리는 걸 좋아하는 애들이 더 많다.

● **일찍부터 이젤을 주신 까닭은.**

마루에 앉거나 책상 위에 똑바로 앉아서 그리려면 4~5세 이상 되어야 한다. 그 전엔 오히려 서서 그리거나 걸으면서 그리는 걸 더 좋아한다. 활동하면서 그리는 걸 더 좋아할 때라 이젤이나 베란다 유리창을 사용했던 것이다.

● **물감놀이 말고 또 많이 한 놀이는.**

점토놀이, 모래놀이도 많이 했다. 사실 모래나 물, 우유 같은 것들은 아이들이 정말 좋아하는 재료다. 왜냐하면 형태를 내 맘대로 쉽게 변형할 수 있기 때문이다. 비싼 장난감보다 훨씬 낫다. 아이들한테 그만큼 좋은 놀잇감이 없다. 그리고 시간 날 때마다 각종 사이트에 들어가서 전철 타고 갈 수 있는 무료놀이 체험터를 활용했다. 난 무료를 굉장히 좋아한다(웃음). 그래서 도서관 정보놀이시설이나 현대미술관을 많이 데리고 갔었다.

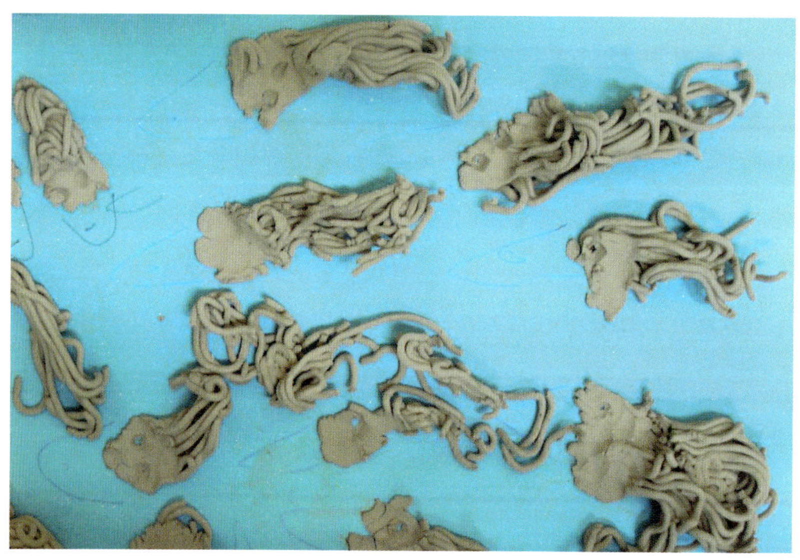

아이들은 조립보다 분해가 더 쉽다. 엄마나 아빠들이 뭘 만들어놓으면 다 쓰러뜨리고 나서 박수 치고 깔깔거리는 모습을 보시라. 점토에서도 쌓는 것보다는 잘라서 던지거나 흩트려놓는 활동부터 시작하면 좋다. 스트레스를 발산하고 난 다음에 에너지를 모으는 쪽으로 데려가는 것이다.

처음부터 아이들에게 발산할 수 있는 기회를 주지 않고 안에 있는 걸 표현하도록 하면 아이들이 힘들어한다. 미술활동할 때는 일단 발산을 시킨 다음에 발산한 힘을 모아서 창의력을 발휘할 수 있도록 내재된 힘을 모아주는 게 중요하다.

보통 2~3세까지는 마음껏 자기표현하고 싶은 대로 두는 것이 좋을 것 같다. 형태나 색을 섣불리 가르치려고 들면 안 된다. 하지만 4~5세부터는 '엄마가 일정부분 함께 할 필요'가 있다. 아이마다 기질이 다르니까 그걸 고려하면서 말이다.

큰아이 같은 경우에는 "동그라미 한번 해보자." 하면 따라오는데, 작은아이 같은 경우에는 동그라미를 그려보자 하면 동그라미 그려놓고 "엄마, 나 다른 거 그려볼래." 하는 경우도 있고, "싫어." 하는 경우도 있다. 시키는 것 외에 다른 것도 그릴 수 있는 아이들이 있는 거다.

처음부터 엄마가 뭘 그려보라고 지시만 하면 다음에는 엄마가 또 무엇을 지시할지 기다리게 된다. 그런데 먼저 지시를 해주고 "그 다음에는 네가 생각나는 거 연상해서 그려봐." 아니면 "네 마음대로 한번 해봐." "이렇게 '왔다갔다'(지그재그) 해볼까? 팔을 움직여봐. 아니면 위아래로 해봐. 밥 먹는 손으로 그려봐. 밥 안 먹는 손으로 그려봐." 이런 식으로 하면 아이들이 평형감각도 느낄 수 있고 다양한 선을 시도해볼 수 있다. 할 때마다 잘 했다는 칭찬을 주는 것도 잊지 말아야 한다. 그렇게 아이들은 반복을 통해 동그라미를 인지해나가는 것이다.

4~5세가 되면서부터는 '무엇을 그릴까'에 대해 사전 대화를 나누는 것이 좋다.

어제 놀이터에서 놀 때 미끄럼틀 놀이 어땠어? 혹은 내일 동물원 갈 건데 무슨 동물이 있을까? 이렇게 '경험한 일'이나 '경험할 일'을 주제삼아 이야기를 나누고 그걸 그려보자고 하면 좋다. 경험도 안 주고 아이한테 '그냥 그려봐' 하는 건 아이한테 힘들 수도 있다. 미술놀이가 잘 진행되려면 그래서 다양한 체험놀이도 병행되어야 한다.

● 그림 그려보자고 하면 자동차 그려달라, 공룡 그려달라 조르고 혹은 글자를 써달라고 하는 경우도 있다.

미술놀이 하자고 하면서 어른이 먼저 붓이나 크레파스를 들고 그림을 그려주면 안 될 것 같다. 너무 잘 그린 어른 그림을 많이 보게 되면 아이는 자신감을 잃는다. 자기가 그린 그림보다 어른 그림을 더 많이 요구하게 된다. 이럴 땐 '같이 그려보자' 하면서 아이가 그리도록 유도해주거나 정 안 되면 또래나 한두 살 차이나는 형, 언니의 그림을 보여주는 게 더 낫다. '야, 언니는 해를 빙글빙글 돌게 그렸네.' 식으로 말이다.

또 부모가 일찍 글자를 가르치려고 너무 많이 의욕을 보이면 아이가 이미지보다 글자에 더 집착할 수도 있다. 어릴 때 글자를 가르치기보다 자유롭고 다양한 미술활동을 하면 머릿속에 다양한 이미지를 많이 키워줄 수 있다.

■ 내게 유아미술에 대한 기본을 잘 알려준 책은 일본의 미술교육자 도리이 아키요시

교수가 쓴 글이었다. 그는 유아시절, 글자나 숫자보다 미술 교육이 앞서야 할 이유를 이렇게 말한다.

'아빠를 그리라'고 하면 아이 머릿속에 수염 있는 아빠, 안경 쓴 아빠, 누워서 뒹굴거리며 텔레비전을 보는 아빠 등 다양한 이미지가 떠올라야 한다. 단지 '아빠'라는 글자 하나로만 머릿속 이미지를 표현하려고 한다면 얼마나 삭막한 아이가 되겠는가. 너무 일찍 글자를 가르치려고 하지 말라. 이런 아이는 그림을 잘 그릴 수 없는 아이가 된다. 상상력에 제한을 받는 아이가 될 수도 있다.

현대미학의 아버지 크로체도 일찍이 말한 바 있다. '창의력은 시각훈련 중에 창출된다'라고. 초등학교 1, 2학년이 되면 누구나 한글과 숫자를 아는 어린이가 된다. 그러나 '풍요로운 이미지'를 가진 아이는 많지 않다.

● **어떤 재료를 줘도 덥석 달려드는 아이가 있는가 하면, 뭐든 잘 안 만지려고 하는 아이도 있다.**

예민하거나 소심한 아이, 혹은 아픈 아이, 발달장애의 경우에 그런 경향이 있다. 크레파스나 점토를 만지면 손에 묻으니까 그걸 싫어하는 아이들이 있다. 묻었다고 호들갑을 떨거나 울기도 한다. 두려운 것이다. 그런 아이들은 색연필과 종이만 사용하려고 한다. 깨끗하니까. 하지만 그렇게만 해선 다양한 경험을 해볼 수 없다. 너무 강요하지 말고 조심스럽게 이런저런 재료를 써보게 해야 한다. 또 하나는 엄마가 원인인 경우도 있다.

● **엄마 때문에 그렇다는 것이 무엇인지 구체적으로 설명해달라.**

한 번은 세 살짜리 아이가 병원에 왔다. 엄마가 들어오시면서 하는 얘기가 "선생님, 우리 아이가 검은색만 써요. 문제 있는 것 아니에요? 자폐아 아니에요?” 하는 게 아닌가. 가만 보니 아이가 진짜 검은색만 쓰더라.

이유가 뭘까? 우리 병원은 어린이 병원이라서 아이들에게 환자복을 입히지 않는다. 그냥 편안하게 입게 한다. 그런데 그 아이가 입는 옷이 무채색이었다. 엄마도 역시 무채색 옷을 입고 계셨다. 그날 바로 말씀을 안 드리고 두세 번 정도 지켜보고 난 다음에 얘기했다.

“어머니, 혹시 까만색 좋아하세요?” 하니까 “네.” 하더라. 어머니가 아이에게 검정색 옷을 입히는 것이다. 어머니가 봤을 때는 검정색이 때도 덜 타고 세련된 색이라고 생각하는 것이다. 얼굴이 하얀 아이들이 검정색을 입으면 예쁘지 않은가.

우리 아이가 몸도 약하고 약간 아픈 아인데 남한테 아픈 아이라고 표시를 하고 싶지 않기 때문에 훨씬 더 깔끔하게 입히는 것이다. 그런데 그게 원색이 아니라 엄마가 좋아하는 모노톤을 입히다 보니까 아이도 엄마의 영향을 받아서 그런 색깔을 잡고 있었던 것이다.

● **그림을 유난히 작게 그리는 아이도 있다. 어떻게 하면 좋을까.**

소심하거나 예민한 기질을 가진 아이들이 많이 그런다. “에게, 너무 작네” 식으로 핀잔을 주지 말고 크게 그려진 다른 그림을 많이 보여주면서 “와, 도화지에 가득 차니까 좋지 않아?”라고 언질만 주시는 게 좋다. 스스로 ‘아, 그림을 크게 그리니까 좋구나. 크게 그려야겠구나.’ 생각하고 행동할 수 있게 도와줘야지, 억지로 강요해서 크게 그리라고 하면 아이는 또 한 번 위축되거나 상처받기 쉽다.

■ 나는 아이 그림을 예쁜 액자에 담아 거실에 전시해놓곤 했다. 손님이 오면 "우리 아이가 그린 그림이에요. 멋지죠?" 자랑도 했다. 이후 아이 그림이 점차 커졌다. 무엇보다 그림 그리는 일을 좋아했다.

● **유아기 때 글자나 숫자보다 미술놀이를 제일 먼저 하게 하셨다. 자녀들이 아프지 않았어도 그렇게 했을 거라고 하셨는데, 왜 그런가.**

사실 창조력, 우뇌 이론, 뭐 이런 어려운 이야기까지 하지 않아도 미술놀이를 하면 우선 발달에 아주 좋다. 두 손을 많이 움직이게 하는 것이 뇌를 활발하게 하는 것이기 때문이다.

그림을 그리거나 재활용품으로 만들기를 하거나 종이접기를 하면 눈과 손의 협응력도 높여준다. 제일 중요한 건 자신감과 성취감을 높여준다는 점이다. 뭐든 그리거나 만들어 가져왔을 때, 엄마가 같이 기뻐하거나 슬퍼하거나 놀라거나 감탄해주면서 적절한 칭찬도 해주면 아이는 큰 만족감을 느끼게 된다. 편안해지고 의욕이 생기는 것이다. 요 나이 때는 사실 말이나 글이나 숫자나 신체활동 등에서 아이가 자신감을 갖기가 쉽지 않다. 다 서툴 때이지 않은가.

● **미술학원 보내는 건 어떻게 생각하나.**

여유가 되시면 보내시라. 그런데 유아에게 섣불리 색과 형태를 가르치는 곳은 지양하는 게 좋을 것 같다. 아이들의 감성과 창의성을 최대한 살려주는 '뜻있는 교사'들이 있는 곳에 보내는 것이 좋을 것 같다. 놀이처럼 진행되는 곳이 좋겠다. 기능이나 테크닉은 8~9세 이후에 배우는 것이 좋다고 한다. 아이가 8~9세가 되기 전엔 공간 감각이 덜 발달하는 시기이므로 사실적 묘사가 어렵다. 9세 이후에나 가능할 일을 3~4세 아이에게 시도하고 있진 않은지 부모들이 유심히 잘 보시면 좋을 것 같다.

글쎄…… 미술을 잘한다기보다 미술을 좋아하는 아이라고 하는 편이 더 맞을 것이다. 큰아이는 어릴 땐 곧잘 자유롭고 기발한 표현을 많이 했지만 학교에 들어가면서 여러 아이들 사이에서 겪는 심리적인 위축감을 종종 그림으로 표현하곤 한다. 자신의 심리적인 갈등을 그림에 그대로 드러내는 것이다. 색 표현도 난해하고 선과 구성에서도 아픈 내면이 담겨 있는 모습을 미술치료사 입장에서 엿볼 때가 있다. 이런 그림은 아마도 교실 뒤에 붙여주고 싶지 않을 것이다. (웃음)

초등학생이 된 지금 호준이는 그림을 주로 집에 와서 그리는데 요즘은 색연필 그림을 많이 그린다. 자신감이 없다보니 쉽게 사용할 수 있는 매체를 선택하는 것이다. 반면 동생 태균이는 나날이 미술 실력이 늘고 있다. 동생은 만화 캐릭터를 매일 그리면서 자신의 그림책을 만들어가고 있는 중이다.

동생이 너무 열심히 하니까 자신과 또 비교가 되는지 형은 그림에서 점점 멀어져갔다. 형은 동생이 그리면 물끄러미 쳐다보다가 '나도 그려줘'라고 한다. 호준이는 그림보다 색칠하기를 더 많이 하는 편이다. 그러나 두 아이는 만들고 꾸미는 일은 퍽 재미있어하고 또 잘한다.

학기가 끝날 쯤 되면 학교에서 그동안 했던 작품을 집으로 보내준다. 호준이는 매사에 느긋하고 천천히 하다보니 미완성 작품이 많다. 그러나 점점 완성도가 높아지고 있다. 학교에서는 왠지 모를 위축감도 들고 시간도 촉박하다보니 자신 있는 미술 활동을 펼치지 못하고 있는 것이다.

■ '하지만 나아질 것이다'라고 순주씨는 말했다. 순주씨는 정말 그렇게 믿고 있다. 아이들은 자라면서 변한다. 언제나 제자리걸음만 하는 아이는 없다.

로웬펠드의 그림발달 단계

● **2-4세 : 낙서기**
손동작 자체에서 즐거움을 만끽한다.

● **4-5세 : 상징기**
동그라미, 네모, 세모 등을 수없이 그리며 나름대로 이름을 붙인다.

● **6-7세 : 도식기**
자기만의 세계가 재미있고 독특하게 펼쳐지며 시공간을 넘어선 표현이 나타난다.

● **8-9세 : 사실기**
학교에 들어가면서 비로소 객관적인 사실 표현이 나오게 된다.

최순주씨네 유아미술놀이

1) 핑거페인팅

- 준비물 : 수채화 물감, 물풀, 스케치북
- 물풀에 좋아하는 색깔의 수채화 물감을 섞어 스케치북 위에
  뿌려놓고 손가락 또는 손바닥으로 문지르면서 하는 놀이
- 효과 : 친밀감 / 긴장이완

2) 점토놀이

- 준비물 : 점토, 스케치북, 점토 도구
- 점토를 마구 자르거나 뭉치거나 하면서 놀이
- 효과 : 긴장이완/ 정서적 안정

3) 양초를 이용한 불꽃놀이

- 준비물 : 색깔양초, 물감, 파스텔, 크레파스, 도화지, 쿠킹호일
- 생일 케이크의 초(없으면 빵집에서 얻어오세요)를 모았다가 아이들과 그림을 그려보기.
  불에 델 수 있기 때문에 반드시 부모님과 같이 해야 한다. 생일 초는 긴 것으로 준비하고
  끝자락에 쿠킹호일을 감싼(아이가 델 수 있는 상황을 미연에 방지함) 후 불을 붙여
  촛농이 떨어지게 한다. 색색의 촛농을 마음껏 떨어뜨린 후 크레파스, 파스텔, 물감 등
  좋아하는 재료를 선택하여 색을 칠하는 놀이.
- 효과 : 자신감 상승

4) ohp 필름지에 물감으로 낙서하기

- 준비물 : ohp필름지 2장(문방구에서 낱장으로
  구입 가능하다. 클리어 파일 속지도 이용할 수 있다),
  나무젓가락, 물감, 밀대(두꺼운 종이 등), 한지나 도화지
- ohp필름지에 좋아하는 색 물감 2~3가지를 마음껏

  짜게 한다. 네모나게 자른 두꺼운 종이로 ohp필름지 위의 물감을 펴 바른다.
  날카로운 나무젓가락이나 이쑤시개로 마음껏 낙서를 한다. 판화처럼 도화지나 한지로

위 그림을 찍어낸다. 위 활동을 한 후, ohp필름지 두 장을 맞붙여놓으면 원판의
색다른 모습도 볼 수 있다. ohp필름지를 유리창에 부착한 후 햇빛을 통해 반사되는 색을
관찰해보는 것도 멋지다.

5) 쿠킹호일 구겨서 장난감 만들기

- 준비물 : 쿠킹호일, 테이프
- 쿠킹호일을 잘라 뭉치고 테이프를 이용해서 자신이
  좋아하는 기차, 비행기, 자동차를 만든다.
- 효과 : 손의 자극을 통한 뇌 활성화 / 색다른 촉감 지각 /
  성취감

6) 휴지속지, 상자로 장난감 만들기

- 준비물 : 휴지속지, 과자 상자, 라면박스, 물감, 빽붓, 큰붓, 노끈
- 자신이 좋아하는 물감을 박스나 속지에 칠한 후
  노끈으로 연결하여 기차, 자동차를 만들어 끌고 다니는 활동.
  마트에서 사준 장난감보다 자신이 만든 상자 자동차를
  더 좋아한다.

7) 목욕탕에서 물감놀이

- 타일 벽에 그림 그리기. 손등이나 발등, 몸에 그림 그려보기.
  목욕통에 물감 넣고 색 번져보게 하기. 샤워 씻기 놀이.

8) 점토 던지기

- 현관문 등에 전지를 붙여놓고 점토 던지기. 뾰족한 다트 도구 대신 어린아이들에게는
  점토 덩어리를 던지는 놀이가 좋다. 자신이 던지고 싶은 만큼의 점토를 손으로 뜯거나 잘라
  벽이나 현관문에 다트 모양을 그려놓고 던지기 하는 활동.

＊이밖에 색연필로 색칠하기, 사인펜으로 그리기, 종이접기 등이 있다.
 (색종이는 박스로 사다놓고 떨어지지 않게 준비하자.)

아이의 인생에 미술은 어떻게 기억될까

어느덧 4학년이 된 큰아이. 학교라는 거대한 공간 속에 들어가서 아이는 서툰 언어와 섬약한 신체조건을 갖고 고군분투하는 중이다. 그래도 엄마는 이 시간이 아이의 인생에서 통과해가야 할 하나의 과정이라고 생각한다. 인생은 어차피 조금은 서럽고 억울하고 힘들기도 한 거니까.

어린 시절에도 약간의 상처와 약간의 고통과 약간의 좌절은 피해갈 수 없다. 다만 그 고통이, 아이가 감당 못할 정도인가 아닌가를 유심히 지켜볼 뿐이다. 호준이가 앞으로 학교생활에서 당당해져갈수록 아이의 그림도 당당해질 것을 믿는 엄마. 실제로 언어표현이 조금씩 능숙해지면서 호준이는 이따금 속 깊은 말과 행동을 해서 부모를 감동시키곤 했다.

유아시절부터 아이들과 다양한 미술놀이를 한 순주씨가 진정으로 바랐던 것은 무엇이었을까? 미술기능이 뛰어난 아이? 아니 그보다는 미술표현에 민감한 아이가 아니었을까 싶다. 자기 내면을 그림에 정직하게 담아낼 줄 아는 아이, 그림을 통해 내 안에 쌓인 힘든 것들을 자유롭게 풀어젖히고 그것을 통해 삶의 에너지를 충전할 줄 아는 아이. 엄마는 미술을 통해 이런 선물을 주고 싶었던 것이다.

우리는 늘 무엇을 잘하려고만 했지 즐기거나 누리거나 위로받는 법을 알려고 하지 않았다. 어린 시절, 내 기억 속에서도 미술은 항상 '잘해야 할 그 무엇'이었다. 그래서 미술은 늘 나를 긴장시켰다. 내 인생에서 '그림의 떡'처럼 먼 존재이기만 할 뿐이었다. 대체 미술이 위로받거나 치유받거나 즐겁게 누리 그 무엇이라고 생각해본 적이 있었던가. 순주씨는 그림을 가르치기보다 그림을 들어주려고 노력했던 엄마였다. 아이가 어릴 때 나는, 또 당신은 어떤 미술체험을 시켜주고 있는 걸까?

1. 가르치기 전에 표현할 기회부터 주었다.

순주씨에게 미술활동은 즐거운 놀이 그 이상도 이하도 아니었다. 미술을 잘하는 아이로 키워야겠다는 생각을 하다보면 아이에게 은근히 강요를 하게 되고 엄마 자신도 피로해진다. 어린 시절 미술체험은 편하고 즐겁게 이뤄져야 한다.

2. 비좁은 아파트 안에서 드넓은 미술공간을 마련해주다.

집이 좁아도 베란다와 목욕탕을 상설 미술공간으로 마련해준 센스가 돋보인다. 야외 놀이터도 십분 활용했다.

3. 아이 스스로의 조절능력을 믿었다.

아이들의 몸이 약하다고 해서 모래놀이를 안 시키지 않았다. 청결보다 아이의 즐거움을 더 많이 고려했던 것이다. 또 장이 약하다고 해서 일체의 군것질을 단속하지는 않았다. 사람이 어찌 〈건강보감〉에 실린 음식만 먹고 살 수 있겠는가. 장기능이 어느 정도 회복되고 아이 스스로 조절이 가능해질 수 있다는 판단이 들자 또래 아이들이 즐겨 먹는 군것질감도 더러 주곤 했다. 시행착오를 거치면서 아이 스스로 조절해나가는 힘을 키울 수 있게 했다.

4. 글자나 숫자교육보다 미술활동을 먼저 했다.

언어력과 논리력을 담당하는 부위가 좌뇌라면 공간 지각력과 창의력을 담당하는 부위가 우뇌다. 아이들 뇌 발달에도 순서가 있다고 한다. 약 15개월까지는 생리작용을 담당하는 뇌간이 발달하고 4~5세까지는 정서발달을 담당하는 변연체가, 4~5세에서 7세까지는 이미지, 동작, 리듬, 정서, 직관발달을 주관하는 우뇌가 발달한다. 읽기 쓰기 수학 논리력 같은 기능은 좌뇌가 담당하는데 이 부위는 7세에서 9세 사이에 주로 발달한다.

교육과정에서 취학연령이 8세이고, 학교 들어가서 읽기, 쓰기, 수학을 본격적으로 배우는 것이 괜히 그러는 게 아닌 것이다. 최순주씨는 읽기 쓰기 계산 같은 좌뇌 기능보다 우뇌활동, 즉 음악, 미술과 같은 놀이 활동을 더 일찍, 더 많이 시도했다. 이것이 뇌발달 순서상으로도 맞는 활동이다.

5. 체험활동을 많이 했다.

다양한 체험을 할 때, 마음속에 다양한 이야기가 생긴다. 미술놀이와 더불어 저렴한 체험활동을 많이 찾아다녔고, 이런 활동들이 아이들 미술활동의 좋은 소재가 되었다.

6. 할 수 있는 일과 필요한 일을 절충할 줄 알았다.

주말마다 정기적인 가족 산행을 통해 기초체력을 꾸준히 쌓아주었다. 반면 엄마 입장에서 무리가 될 수 있는 대안학교 대신 일반 학교에 보냈다. 아이와 엄마의 필요를 절충할 줄 알았던 것이다.

1. 조립보다 분해를 먼저 하게 해주세요.

아이들과 미술놀이를 할 때, 만들라고 하기 전에 흩트리고 부수고 찢는 경험부터 충분히 주세요. 편안한 가운데 표현의 즐거움도 차곡차곡 쌓여가게 해주세요.

2. 아이가 좋아하는 몇 가지 활동을 반복해주세요.

매일매일 다른 미술놀이를 시도하려고 하다보면 엄마가 힘들어질 수도 있습니다. 아이가 좋아하는 활동 몇 가지를 정해서 꾸준히 재미있게 반복해서 놀아보는 것도 도움이 됩니다.

3. '무엇을 그릴까'를 이야기해 보세요.

경험 없이 '그냥 그려보자'는 건 아이에게 힘든 일이에요. 미술놀이에도 경험이 중요합니다.

4. 아이의 그림에 귀 기울여주세요.

아이의 그림솜씨를 보려하지 말고 아이가 하고 싶은 이야기를 들어주세요. 유아에게 미술은 또 다른 언어입니다.

5. 너무 일찍 글자를 가르치려고 하지 마세요.

상상력에 제한을 받는 아이가 될 수도 있습니다. 언젠가는 모든 아이가 한글과 숫자를 알게 되지만 풍요로운 이미지를 가진 아이는 많지 않습니다.

02 건강밥상의 달인 채인숙

먹는 법을 배워야
사는 법도 안다

간식으로 밥을 찾는 아이들

오후 4시경, 아이들이 간식을 찾는 시간이다. 생협활동가이자 요리짱으로 소문난 채인숙씨의 아이들은 무엇을 먹을까? 5학년 유정이, 2학년 석환이가 주로 간식삼아 먹는 음식은 '밥'이다. 제사나 차례를 지낼 때도 남매는 밥상 앞, 어른들 사이에 끼어 앉아 수북한 밥 한 그릇을 뚝딱 해치운다.

"우리 집 애들더러 시골아이들 같다는 분들이 많으세요. 먹는 것도 그렇고 사람 좋아하는 것도 그렇고." 엄마 채인숙씨의 말이다. 그렇게 잘 먹어도 둘 다 군살 하나 없이 늘씬하고 튼실해 보인다.

"너희들 밥 이렇게 잘 먹으니까 과자는 잘 안 먹겠네?" 내가 물어보자 큰딸 유정이가 눈을 동그랗게 뜨고 말한다. "어머, 왜요? 저희는 과자도 잘 먹어요."

"과자엔 좋지 않은 밀가루와 좋지 않은 식품첨가물도 많다잖아?"

"알아요. 엄마하고도 공부했고 생협 어린이모임에서도 배웠어요."

"그런데 괜찮아? 과자 먹어도?"

"먹고 싶을 때는 먹어요. 괜찮아요. 난 기본적으로 밥을 잘 먹으니까 건강한 어린이거든요. 끄떡없어요." 어라? 열두 살짜리 소녀가 하는 말 속에서 '건강철학' 한 자락이 얼핏 느껴진다. 옆에서 엄마도 거든다.

"건강한 밥상 차리는 건 열심히 최선을 다해 하지만 나머지는 유난떨지 않고 편안하게 조용하게 하려고 해요. 제가 기본을 잘 하면 우리 애들 별 탈 없을 거라 믿어요."

하기야 인숙씨네 음식들로 하루 세 끼를 채운다면 웬만해선 탈이 나지 않겠다 싶다. 그 집 음식들은 뭐랄까 맛도, 속도, 평화로웠다.

고기 한 점 없는 밥상은 풍요로웠고 정갈했으며 평화로웠다. 약식동원藥食同源이란 말이 절로 실감나는 밥상이었다.

먹는 음식은 곧 그 사람이 된다. 유정이와 석환이는 엄마가 집을 비우는 오후에 친구들이 놀러 오면 곧잘 음식도 해먹는단다. 아직 뒤처리가 서툴고 요리과정을 제대로 다 할 줄 아는 것은 아니다. 하지만 초등학생 두 아이가 요리하는 걸 겁내지 않는 것만 해도 신통하다. 유정이는 흑임자죽에 오므라이스를 곧잘 한다. 석환이는 스크램블에그 정도는 할 줄 안단다. 게다가 중요한 건 애들이 요리를 해서 친구들을 먹인다는 점이다. 이건 아마도 엄마가 뚝딱 요리해서 이웃에게 돌리는 모습을 보고 배웠을 것이다.

그나저나 고학년 아이가 간식으로 밥을 찾는다는 것, 이건 어떤 의미일까? 식생활 전문가이자 약사인 김수현 소장은 성장기의 아이들에겐 어른들보다 더 잦은 식사가 필요하다고 말한다. 적어도 하루 네 끼 정도의 식사를 해야 하며, 청소년기엔 심지어 다섯 끼 식사가 필요하기도 하다는 것이다. 즉 세 끼 식사 외에 주식 개념의 간식이 한두 차례 더 필요하다는 얘기다. 그녀는 또 강조한다. 이때 '주식 개념의 간식'은 고단백 고지방 식품이 아니라 곡, 채

소류 위주의 밥 한 끼 정도가 딱 좋다고. 이것이 아이들의 건강을 지키는 비결이라는 것이다.

유정이 석환이가 간식으로 밥을 먹는 건 인숙씨가 책을 보고 배워서 시킨 일이 아니다. 그 아이들은 자연스럽게 그걸 하고 있었다. 엄마가 어디 가서 뭐가 좋고 뭐가 나쁘다고 강의 듣고 와서 억지로 먹이고 억지로 못 먹게 하는 일, 이런 일은 적어도 음식에선 잘 안 통한다. 유정이와 석환이의 바람직한 식습관은 도대체 어떻게 형성된 것일까.

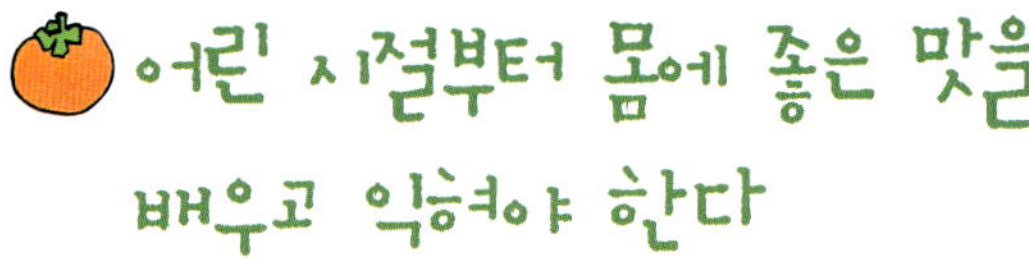

어린 시절부터 몸에 좋은 맛을
배우고 익혀야 한다

"마땅히 행할 길을 아이에게 가르쳐라.
그리하면 늙어도 그것을 떠나지 아니하리라."

—〈잠언22:6〉

이 말을 난 이렇게 바꾸고 싶다.

"몸에 좋은 맛을 아이에게 가르쳐라. 그리하면 늙어도 그것을 떠나지 아니하리라."

사람이 평생 배우고 익혀야 할 좋은 습관이 어디 한두 가지이겠는가마는 나는 그 중에서도 '건강한 입맛'을 가장 우선적으로 꼽고 싶다. 건강한 입맛이야말로 어릴 때부터 꼭, 반드시 배워 몸에 익혀야 할 습관이다. 입맛은 내 몸을 만들고 내 건강을 짓는, 생의 중요한 요소이기 때문이다.

내가 이런 생각을 하게 된 이유는 친정엄마를 중풍으로, 막내 남동생을 암으로 잃었기 때문이다. 나의 외갓집은 고혈압과 당뇨라는 가족력을 갖고 있다. 친할아버지도 중풍으로 돌아가셨다. 나의 유전자가 그 방면으로 취약하다는 걸, 나는, 또 우리 형제는 어렴풋이 알고 있다.

그래서 엄마가 발병했을 때 '올 것이 오고야 말았구나' 싶은 무력감이 들기도 했었다.(동생은 좀 의외였다.) 투병생활을 하는 동안 엄마도 또 동생도 음식 조절하는 일을 참 어려워했다. 먹고 싶은 것들을 참아야 하는 스트레스가 얼마나 힘든 것인지 나는 두 사람을 보며 실감할 수 있었다.

사랑하는 가족을 잃으면서 나는 자연스럽게 입맛에 대해 깊이 생각해보았다. 성인이 되고 병이 난 후 억지로 좋은 입맛을 들이려고 고생하기보다, 어릴 때부터 건강한 입맛을 배울 기회를 가졌다면 얼마나 좋았을까. 여든이 넘은 연세에도 꾸준한 운동과 철저한 식습관을 병행하는 우리 아버지는 펄펄 나는 걸음으로 두세 시간 동안 쉬지 않고 걷는다. 아버지를 보면 생활습관, 특히 식습관이 가족력이라는 어두운 그림자를 이길 수도 있다는 생각이 든다.

건강한 입맛을 가진 채인숙씨 집 어르신들은 어떨까. "저희 집엔 병을 앓다 돌아가신 분은 없는 것 같아요. 그러고 보니 모두들 수壽를 누리다가 자연사하셨던 것 같네요." 입맛은 사람의 생과 사를 좌우하는 문제가 된다. 지금 아이에게 들여주는 입맛이 훗날 아이가 죽고 사는 문제에서 중요한 밑거름이 될 수도 있다고 하면 너무 과한 얘기일까.

동네 유명 마트. 장바구니를 들고 내가 서 있다. 아이 먹을거리를 사야지, 생각하자마자 맛있고 신선하다고 주장하는 우유, 치즈, 떠먹는 요구르트에 먼저 손이 간다. 반찬감으로 사는 것도 늘 뻔하다. 식탁에 고기반찬이 올라가지 않으면 왠지 허술해 보이니까 돼지고기, 닭고기, 소고기를 순번 정해 번갈아 산다. 남편이 좋아하는 어묵도 사고 아이가 잘 먹는 냉동 군만두도 산다. 햄은 발색제 때문에 망설이지만 '원 플러스 원'이라는 직원 말에 솔깃해서 가던 길을 멈춘다. 물론 두부나 생선, 콩나물도 산다. 하지만 천연재료는 코딱지만큼 들어 있고 온갖 식품첨가물만 잔뜩 든 가공식품이 장바구니 안을 가득 채우고 있다.

시리얼을 사거나 오곡이 들어 있다고 주장하는 곡류과자를 사기도 한다.

그냥 과자보단 낫겠지 하면서.

어디 반찬뿐이랴. 현미가 좋다고 사놓긴 했는데 남편이 싫어하니까 넣다 말다 한다. 늘 나른하고 피곤하니까 아침 점심 저녁 믹스커피를 서너 잔씩 마신다. 바쁘고 피곤할 때가 많고 음식솜씨도 별로니까 차라리 외식할까, 신발 신고 나서는 일도 자주 벌어진다. 기껏 장보아 두었던 두부나 콩나물은 외식 때문에 유통기일을 넘겨 음식물쓰레기로 전락하기도 한다. 가족력도 시원치 않은데다 생활습관, 먹을거리 생활도 엉망인 나. 내가 무슨 용가리 통뼈라고 이러고 살고 있나.

현명한 당신은 어쩌면 눈치챘을지도 모른다. 우리 집 장바구니에 은근히 동물성 식품과 가공식품이 많다는 점을. 이 모든 일이 엄마인 나에 의해 자행된다는 점을. 엄마가 장보는 기준은 잘못 길러진 부부의 입맛과 조리의 편리성에 좌우되기 마련이라는 점도. 그리고 하나 더. 식품기업들의 '잘 빠진 포장'과 화려한 선전문구, 특히 '원 플러스 원'은 가공식품의 지배를 받게 하는 주요 요인이라는 것을.

어떻게 하면 내 아이에게 건강한 입맛을 들일 수 있을까. 내 아이도 인숙씨의 아이들, 유정이와 석환이처럼 밥 잘 먹고, 건강에 좋은 입맛이 뭔지 알고, 먹는 것의 소중함을 아는 아이로 기르고 싶다.

 # 기울어진 아이들의 밥상, 바로 세우자!

2008년, 하버드 의과대학 소아영양학과에서는 '미국의 요즘 아이들은 어떻게 먹고 있나'라는 제목의 연구결과를 발표했다. (『평생 건강을 지켜주는 우리 아이 영양 가이드』 중)

그림 1 영양 불균형 식사 피라미드 : 요즘 아이들은 이렇게 먹는다

〈그림1〉에 따르면 아이들은 탄수화물과 지방과 달콤한 음식을 주로 먹으며 그 다음으로 고기와 유제품을 먹는다. 야채와 과일은 아주 조금만 먹고 있다. 우리나라 아이들이라고 사정이 크게 다르진 않아 보인다. 반면, 하버드

메디컬 센터에서 강조하는 어린이를 위한 식품 피라미드는 다음과 같다.

그림 2 어린이를 위한 건강식 피라미드

요컨대 아이는 매일의 음식을 〈그림2〉와 같은 구조로 먹어야 건강해진다
는 것이다. 이 피라미드는 3세부터 8세까지의 아이들에게 권장되는 영양을
기준으로 하고 있다. 8세 이후부터 사춘기까지의 아이들은 앞서 언급한대로
주식개념의 간식을 한두 끼 더 얹어 먹는 것이 좋겠다.

그렇다면 일상에서 구체적으로 이를 어떻게 실천할까.

우선 건강하게 뛰어놀기, 가족과 함께 집에서 식사하기를 강조한다. 매일
해야 할 일이며 가장 기초적인 일이라는 뜻이다. 성인병을 예방하기 위해

건강하게 먹고 움직이는 일이 중요하다는 것은 어릴 때부터 가르쳐야 할 일이다.

그 다음은 좋은 탄수화물 즉 도정하지 않은 현미, 통밀가루를 먹이자고 한다. 감자와 도정한 곡식(백미, 흰 밀가루 등)은 몸 안에서 설탕과 같은 역할을 한하기 때문에 아이 건강을 지켜주려면 감자나 흰쌀밥 대신 현미밥을 먹여야 한다.

그 다음으로 많이 먹어야 할 것은 단연 과일과 야채, 그리고 질이 좋은 유제품과 단백질 순이다. 동물성 단백질은 식물성보다 양질의 단백질을 공급한다. 그럼에도 불구하고 단백질이 야채나 과일류의 다음 순서로 강조된 것은 동물성 단백질에는 해로운 지방도 많기 때문이다. 양질의 단백질과 양질의 지방을 먹이려면 저지방이나 무지방 유제품을, 붉은 살코기류보다 닭과 오리류의 가금류, 생선, 신선한 달걀을 먹이는 것이 좋다.

마지막으로 설탕과 과잉지방은 피라미드 맨 꼭대기에 소량으로 얹혀 있다. 이것은 아이들이 좋아하는 과자, 빵 등의 군것질거리는 조금만 먹이자는 뜻이다. 전혀 제한할 수는 없되, 최대한 절제시키자는 것.

인숙씨네 밥상은 하버드 메디컬 센터에서 말하는 〈어린이를 위한 건강식 피라미드〉 원칙에 가깝다. 유정이와 석환이는 일단 잘 먹고 잘 논다. 아이들은 군살 하나 없이 늘씬하다. 엄마는 매 끼니를 가능한 집에서 먹이려고 노력한다. 또 밥은 꼭 현미밥을 먹는다. 야채와 식물성 식품을 주재료로 하는 반찬을 즐겨 먹고 일주일에 3~4회 고기를 먹는다. 이 집 아이들은 과자도 잘 먹는다. 그러나 꼼꼼하게 따져보면 하루 먹는 음식 가운데 과자류는 피라미드 가장 윗부분 정도인 셈. 현미밥과 야채, 식물성 식품을 고기나 과자보다 훨씬 더 많이 먹고 있는 것이다.

생태유아교육 어린이집이나 내 아이가 다녔던 공동육아 어린이집에서는 어린이 음식에서 다음을 강조한다.

- 친환경 농·수·축산물을 먹이자.
- 제철에 나는 채소와 과일을 먹이자.
- 우리와 가까운 거리에 있는 재료(우리 농산물)를 이용한 음식을 먹이자.
- 친자연적이고 발효기법에 의해 만들어진 전통음식을 먹이자.(너무 짜지 않게)

어린이와 양질의 단백질

- 단백질은 인체를 구성하고 기능을 원활하게 하는 영양소다. 아이는 성인보다 훨씬 많은 양의 양질의 단백질이 필요하다. 단백질을 먹어야 성장이 자극되기 때문이다. 그러나 단백질 과잉섭취는 신장에 부담을 준다. 그러므로 하루 총 열량의 20% 정도가 좋다.
- 어린이에게 이상적인 단백질은 소화흡수가 잘 되고 필수아미노산이 적당량 들어 있는 계란, 우유, 고기, 생선 등이다. 이는 95%까지 소화 흡수된다. 견과류, 곡류, 콩, 대두 등에 들어 있는 식물성 단백질은 일부 아미노산이 부족하다. 그러므로 채식을 기본으로 하는 가정에서는 아이에게 여러 종류의 식물성 단백질을 같이 섭취하게 하는 것이 좋다. 그래야 부족한 단백질을 상호 보완할 수 있다.

–『평생 건강을 지켜주는 우리 아이 영양 가이드』 중에서

- 천연조미료를 사용해 재료의 맛을 그대로 살린 음식을 먹이자.

- 곡류와 야채 위주 음식을 먹이자. 인간에게 가장 이로운 형태의 먹을거리가 곡·채식이라고 한다. 육류는 적당히 먹이자.

인숙씨네 밥상은 하버드 메디컬 센터에서 제안하는 〈건강식 피라미드〉와도 닮아 있고 생태유아교육 어린이집이나 공동육아 어린이집에서 강조하는 밥상차림과도 썩 많이 닮아 있다. 그냥 막연히 좋은 밥상이 아니었던 것이다. 그런데 또 생각해볼 일이 있다. 이렇게 차려만 놓으면 아이가 알아서 골고루 잘 먹는가? 문제는 이렇게 밥상을 잘 차려놓아도 아이가 제 입에 맞는 것만 골라 먹으면 아무 소용이 없다는 것이다.

어떻게 먹이는가

건강한 입맛을 기르기 위해선 '무엇을 먹이는가'와 더불어 '어떻게 먹이는가'도 아주 중요한 문제다.

소아과 전문의 하정훈 선생님은 내가 아이를 안고 예방접종을 하러 가면 '이 아이는 생후 몇 개월이니까 일주일에 고기 몇백 그램 정도를 먹는 것이 좋겠습니다'라고 구체적인 정보를 주곤 했다. 초보엄마 입장에선 참 금과옥조 같은 지침이었고 고마웠다. 하지만 실제론 그만큼 먹이기가 쉽지 않았다. '무엇을 먹이나'는 알았지만 '어떻게 먹여야' 하는지 몰라 쩔쩔맸던 것이다. 건강한 입맛을 기르는 일은 결코 만만한 일이 아니다. '무엇을 먹이나'와 '어떻게 먹이나'가 새의 양날개처럼 항상 함께 고려되어야 하는 일인 것이다.

『평생 건강을 지켜주는 우리 아이 영양 가이드』에서 알렌워커Allan W. Walker 교수는 이유식을 마무리하는 두 살부터 아이에게 가르쳐야 할 식사방법을 친절하게 일러주고 있다.

- 편식하는 아이 달래기
- 식사규칙 길들이기
- 집에서 음식 만들기
- 심리적인 요인 헤아리기
- 광고와의 경쟁
- 집 밖에서 아이가 무엇을 먹는지 알기

사실 거의 모든 엄마들이 '아이 밥 먹이기가 힘들어요'라고 말하곤 한다. 내 아이만 그런 게 아니라 세상 거의 모든 아이들에게 있어 '밥 잘 먹기'란 쉬운 일이 아닌 것이다. 건강한 입맛을 갖게 하려면 애초부터 엄마의 인내심과 노력이 무진장 필요한 일이었던 것이다. 그런데 구체적으로 어떻게 하나?

첫째, 편식하지 않게 한다. 아이 엄마들은 '우리 아이는 새로운 음식에 전혀 입을 안 대려고 해요'라는 말을 많이 한다. 우리 아이도 그랬다. 그런데 심리학자들에 따르면 이것은 인간에게 있어 본능이라고 한다. 원시시대, 새로운 음식을 맛본다는 것은 죽음을 각오한 시도였다. 독초를 먹을 수도 있었던 것이다. 그래서 사람에겐 새 것에 대한 본능적인 두려움이 있다고 한다.

그러므로 아이가 새로운 음식에 익숙해지게 하려면 부모는 최소한 열 번 이상의 시도를 해야 한다. 잘게 쪼개거나 다른 음식 속에 섞어주거나 좋아하는 접시에 놓아주는 식으로 아이가 새로운 음식과 친해질 수 있도록 인내심을 발휘해야 한다. 언제까지? 될 때까지!

둘째, 부모는 아이가 '식사 규칙'에 익숙해지도록 도와주어야 한다. 일정한 시간이 되면 식탁에 앉아 밥먹기. TV를 보며 음식을 먹지 않기. 자기 방이나 거실에서 장난감 놀이를 하면서 밥을 먹지 않기. 잘 먹든 안 먹든 최소한 10~15분 동안은 밥상에 앉아 있기 등을 아이가 몸에 익힐 수 있도록 해주자.

처음엔 물론 잘 안 될 수도 있다. '10분 앉혀놓기' 위해 엄마는 진이 다 빠질 수도 있다. 정 안되겠다 싶을 땐 미련 없이 밥상을 치우는 일도 필요하다. 다음 먹을 때까지 아이가 배고픔을 견디어보게 하는 것도 한 방법이다. 한두 번 해보고 안 되는 일이라고 포기하지 말자. 엄마의 의지를 아이가 받아들일 때까지 인내심을 갖고 해보자.

셋째, 집에서 만든 음식을 먹이자. 외식은 집에서 먹는 음식보다 칼로리 지방 소금 설탕을 많이 함유하고 있다. 좀 힘들더라도 집에서 지은 음식을 먹이는 것이 좋다. 아이와 함께 요리를 하거나 집에서 간단한 채소를 키워보는 일, 혹은 장보러 갈 때 식품을 같이 고르는 일도 아이가 음식을 골고루 먹는 데 도움을 준다. 요컨대 엄마가 요리 다 해놓고 넌 그저 먹기만 해! 하기보단 음식이 만들어지는 과정을 아이와 놀이하듯 즐기면 그 음식에 대한 호감이 높아진다는 얘기다.

넷째, 심리적인 요인 헤아려주기다. 몸에 좋은 음식을 먹이려고 할수록 부모는 지나치게 완고해질 수 있다. 몸에 해로운 음식은 또 엄격하게 제한하려고 한다. 부모의 이런 태도는 오히려 역효과가 난다. 편식에 대해 엄격함을 유지하기보다는 일상에서 영양 균형이 맞는 식사를 차려주고 아이가 골고루 먹을 수 있도록 독려하는 일에 더 매진하자. 꾸준히 인내심을 가지고! 처음 한두 번 안 먹는 것을 가지고 지레 포기하지 말자. 시간이 걸리는 작업임을 기억하자.

다섯째, 광고의 유혹에 넘어가지 않게 잘 설명해주어야 한다. TV광고와 햄버거가게의 각종 캐릭터 장난감들 때문에 아이는 떼를 쓴다. 마음이 강건한 엄마는 딱 잘라 안 사줄 수 있다. 하지만 마음 약한 엄마는 매번 아이와 실랑이하는 일에 에너지가 빠져 힘들어진다. 나도 그랬다. 안 된다고 단호하게 말할 때 아이 마음이 상하는 일을 지켜보는 게 힘들었다. 그래서 약속을 했다. 좋지 않은 음식을 먹는, 좋지 않은 일은 아주 가끔, 정 못 참을 때만 하기로 한 것이다. 아이는 새 캐릭터 인형이 나오면 물어본다. "엄마 지난번에 우리가 햄버거 언제 먹었지? 아직 몇 달 안 됐나?"

'철저하게'가 안 되는 부모는 나처럼 '가급적 안 하기'라도 하자.

여섯째, 집 밖에서 아이가 먹는 음식을 살펴봐야 한다. 어린이집이나 학교 급식으로 아이가 무엇을 어떻게 먹는지 알아야 한다. 음식을 어떻게 먹이는가를 사전에 잘 알아보고 나서 어린이집 선택의 중요한 기준으로 삼아야 한다. 요즘 대부분의 초등학교에는 학교운영위원회 안에 급식위원회가 구성되어 있다. 급식에 관심 있어 하는 엄마들이 주변에 적지 않다는 의미다. 그런 엄마들과 마음을 모아서 급식 소위원회에 직접 참여하는 것도 좋겠다.

생태교육 어린이집이나 공동육아 어린이집의 경우엔 먹을거리 교육을 유아교육의 핵심에 둔다. 인지 교육보다 이것이 더 중요하다는 것이다. 나는 이러한 원칙이 마음에 들어 내 아이를 공동육아 어린이집에 보냈다. 세상에 태어나 아이가 배워야 할 가장 중요한 배움이 '제대로 먹는 법'이라고 생각했기 때문이다. 생태교육에서 강조하는 '어떻게 먹이나' 지침을 소개한다. 공동육아 어린이집도 비슷하다.

1. 꼭꼭 씹어서 천천히 먹기를 가르치자.

이렇게 먹으면 집중력, 기억력도 좋아진다. 온 마음으로 주의를 집중해서 밥을 먹으면 밥에 대해, 밥을 있게 한 모든 존재들에 대해 공경심을 갖게 된다.

2. 감사하는 마음 갖고 먹기를 가르치자.

밥 한 그릇에 담긴 '따사로운 햇빛, 달빛과 별빛, 서늘한 바람과 물, 땅, 벌레와 땅 속 미생물들의 상호작용, 그리고 농민의 땀과 밥 짓는 자의 수고'

에 감사하는 마음 갖기를 알려주자.

3. 나누어 먹기의 정을 가르치자.

음식을 이웃과 나눠 먹는 습관을 어릴 때부터 갖게 해야 한다. 사람뿐 아니라 토끼 개 닭과도 나누어 먹기를 가르치자.

4. 어른이 먼저 수저를 든 후 먹기를 가르치자.

밥상머리에서 식사 예절뿐 아니라 사회적인 예의범절도 가르치자.

하버드 메디컬 스쿨의 지침은 구체적이고 실리적이다. 그러나 '먹을 것은 어디까지나 먹을거리'라는 점을 넘어서지 않는다. 생태교육 어린이집이나 공동육아 어린이집에서 강조하는 '어떻게 먹이나' 지침을 보면 다소 추상적이고 규범적이지만 중요한 생각거리를 던져준다. 먹을 것은 생명과 우주에 대한 공부이며 정신력을 높이는 일이기도 하다는 점이다.

애들한테 너무 어렵지 않냐고? 아니다. 공동육아 어린이집에서 화전 만들기도 하고 텃밭 가꾸기도 했던 우리 아이는 자연에 대한 관찰력이 뛰어나고 애정도 많다. 밥상에 앉으면 '감사히 먹겠습니다'를 자동으로 읊는다. 이런 배움을 어릴 때부터 갖지 않는다면 언제 어디서 어떻게 배울 수 있을 것인가. 어렵게 철학을 시키자는 게 아니다. 그냥 쉬운 말로 '감사'를 몸에 배게 하자는 것이다. 병에 걸려 누워 있는 가족을 보며 먹을거리가 단지 세끼 입맛을 채워주는 일이 아님을 절실하게 느꼈던 나는 이 교육에 깊이 공감한다.

다시 한 번 강조하지만 '무엇을 먹일 것인가'와 똑같이 중요한 것이 '어떻게 먹일까'이다.

인숙씨 경우 남편이 자격증을 따기 위해 공부하는 동안 그녀가 생계를 책임지기 위해 아이를 잠시 시댁에 보내 키운 적도 있었다. 유정이가 일곱 살 무렵, 석환이가 네 살 무렵부터 엄마가 끼고 '제대로 된 식사'를 할 수 있었다. 내내 다 잘 해왔던 것은 아닌 것이다.

생각해보면 아이를 키우는 일에서 '아주 늦어 안 되는 일'이란 거의 없다고 본다. 부모가 '아!' 하며 느끼는 그 시점부터라도 정성껏 잘하면 아니함만 못하지 않다. 아이는 부모 노력에 어떻게든 부응한다.

인숙씨는 착한 손을 갖고 있다

"같이 까자."

대학시절, 친구들과 놀러 갈 약속에 한껏 부풀어 있는 인숙씨에게 엄마가 파 한 웅큼을 사와서 말했다. 이걸 해놔야 놀러 갈 수 있겠구나 싶어 울면서 파를 깠다. 매워서, 그리고 좀 속상해서!

엄마는 인숙씨가 늘 도와드려야 하는 사람이었다. 어린 시절부터 노동일을 하셨던 부모님은 늘 먹고사는 일에 바빴다. 인숙씬 어릴 때부터 집안일을 조금씩 하며 자랐다. 바쁠 땐 엄마가 재료만 사다놓고 나가시면 인숙씨가 어린 동생을 데리고 해먹어야 했다. 중고등학교 시절부터는 밥 해먹는 일이 더욱 잦아졌다. 엄마는 물론 시간이 되면 정성껏 밥을 지어주셨다. 엄마가 해주었던 갓 지은 밥의 고슬고슬한 맛과 노동에 지친 엄마가 딸 친구들이 놀러 오면 고구마튀김을 한소쿠리 해서 내주었던 기억은 아직도 따끈따끈한 추억으로 남아 있다. 뭐든 한번 먹어만 보면 훌훌 맛을 살렸던 엄마. 인숙씨 음식솜씨는 대부분 엄마를 닮은 것 같다. 노동에 길들여진 착한 손까지도.

남편과는 기천문氣天門을 공부하는 단학 도장에서 만났다. 몸에 대한 공부를 하던 중에 만난 부부. 남편이 간이 약한 편이어서, 이 부부는 신혼 초부터 자극적이지 않은 음식을 먹으려고 노력했다. 유정이와 석환이가 쉽게 어른 음식에 동화된 것도 맵고 짜지 않게 먹으려고 노력한 부부의 식성 덕분인 것 같다. 한때 매콤하고 얼큰한 음식을 좋아했던 인숙씨 식성도 결혼하면서 많이 변했다고 한다.

남편은 명문대학을 나왔고, 직장을 다니다가 변리사 시험에 도전했다. 시험을 준비하는 동안 인숙씨가 생계를 꾸렸다. 남편이 합격하고 나서도 인숙씨의 아르바이트는 한동안 계속됐다. 이웃집 아이 봐주기, 방과 후 교실 간식 만들어 주기 등 그녀가 한 아르바이트는 대개 '살림' 알바들이었다. 살림알바는 여느 알바와 달랐다. 돈을 벌면서도 이웃과 지역에 훈훈한 온기를 더하는 일이라고나 할까. 변비를 달고 살던 이웃 아이가 일 년동안 인숙씨네 밥을 먹고 말끔히 해결됐을 때는 참 기뻤다. 방과 후 교실의 저소득층 아이들이 인숙씨가 만들어주는 정갈하고 소박한 '엄마표 간식'을 먹으며 엄마 정을 느꼈다고 고백하던 일은 그녀 마음을 훈훈하게 해주었다.

맞벌이 가정의 아이들이 어른들 보호의 사각지대에 놓여 있다는 생각이 들었어요. 그 아이들에게 필요한 것이 '엄마표 음식'이라는 것도 참 많이 느꼈구요.

해맑은 얼굴로 "오늘 간식이 뭐예요?" 물어오는 아이들. 음식을 보고 "와~ 맛있겠다." 하며 행복해하는 아이들 표정을 보면서 그녀는 음식으로 마음을 전할 수 있다는 것이 기뻤다.

한살림 활동가로 일하면서부터는 생산지 방문캠프의 교사일도 했다. 그녀가 한 일은 '밥교사'다. 아이들한테 야채를 먹이기 위해서 온갖 궁리를 다 해봤다. 파 세 단을 가져가서 잘게 썰어 요리조리 궁리하면서, 알게도 먹이고 모르게도 먹이고, 결국은 다 먹이고 왔다. 그때 파 세 단 먹이기 작전을 짜느라 하도 궁리하니까 누군가 웃으며 말했다. "다른 집 애들 먹이는 데 왜 이렇게 애를 쓰세요."

마지막 시간엔 쌀에 대한 공부를 했다. 공부를 하고 아이들과 함께 냄비 밥을 지었다. 밥이 익는 동안 조별로 나물을 하나씩 다듬어보게 했더니 아이들은 너무들 즐거워했다. 평소 잘 안 먹던 시금치 콩나물 버섯 등을 다듬으면서 아이들은 흥겨워했고, 밥이 다 되자 밥 냄새가 너무 좋다며 한 수저씩 마구 떠먹기도 했다.

처음 캠프 오던 날엔 서울서 먹던 과자 맛을 마냥 그리워했던 아이들, 그런 아이들이 며칠 사이 변하는 모습을 지켜보는 일도 참 보람됐다. 어른들이 조금만 인내심을 갖고 공들여주면 아이들도 '사먹는 음식'이 아니라 '손수 해 먹는 음식'의 깊은 맛을 결국 깨닫게 된다.

그녀와 얘기 나누면서 줄곧 든 생각이 있다. 아이에게 좋은 음식을 먹이는 일, 그건 사람을 다독거리는 일처럼 가만가만, 다정하게, 쉼 없이 지속해야 하는 일이라는 것!

사실 가공식품과 유해식품으로부터 아이를 지키기 위해 세상 엄마들의 신경은 곤두서곤 한다. 그러나 집안으로 돌아와 아이에게 건강한 음식을 먹이려고 할 때엔 에너지를 바꾸어야 한다. '안 돼' '먹지 마'라는 부정적인 에너지보다는 조용조용 다독거리는 에너지가 필요하다.

밥상을 차리는 일은 결코 밖으로 드러나는, 화려하거나 똑똑한 일이 아니다. 조용히, 겸손하게, 몸을 낮추고, 상대를 모시는 마음이 있어야 가능한 일이다. 온화한 밥상이 아이를 설득할 수 있지 않을까?

그녀의 첫인상은 '조용한 물' 같다. 온순해 보인다. 자기는 단순한 편이어서 복잡한 주변 일들이 잘 안 보인다고 한다. 남편이 공부하는 동안에도 시어머니와 통화를 할 때면 '잘 될 거예요, 걱정 마세요'를 연발했단다. 그런 며느리를 보고 훗날 시어머니는 참 고마웠다고 했다.

따지고 드는 사람, 걱정이 많은 사람이 그녀는 좀 대하기 힘들단다. 넓게 크게 보면 별일도 아닌데 전전긍긍해 하는 것 같아서. 그리고 또 하나, 밥 먹기를 우습게 여기는 사람들하고는 같이 어울려 일을 도모하는 일이 참 힘들다고 했다. 아이 친구 엄마들하고 모임을 가질 때도 공부나 성적, 책읽기에 대해선 열성적이지만 밥 한 끼는 대충 때우려는 그네들이 그녀는 속으로 좀 버겁다. 반대로 좋은 음식이니까 억지로라도 먹여야 한다는 생각을 갖는 엄마도 힘들다.

그럼 어떻게 하냐고? 작정하고 죽을 듯이 덤벼들면서 억지로 하지 말자는 것이다. 건강한 밥상을 지키려고 노력하되, 그 일을 부지런히 성실하게 하는 것. 그러면 아이들은 차츰 따라오게 된다.

주변 아이들과 비교하면서 양육이 더 힘들어진다는 여느 엄마들하고 반대다. 이런 여유는 어디서 나오는 걸까. 이것도 혹시 그녀가 매일 공들여 해먹는 정갈한 음식 덕분일까.

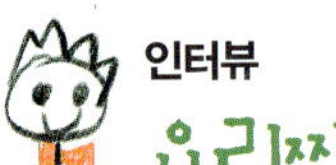

요리짱 엄마가 요리꽝 엄마에게 주는 밥상 메시지

● **인숙씨 밥상이 맛있다는 소문이 주변에 자자하다. 가장 큰 비결이 뭘까.**

나는 일단 밥을 아주 중요하게 생각한다. 식당에서 반찬은 많은데 맛은 별로인 집은 밥이 맛없는 집이다. 밥이 정성스럽고 맛있으면 반찬은 좀 허술해도 잘 먹었다는 생각이 든다. 처음 한살림 유기농에서 장보기를 마음먹었을 때 난 쌀부터 바꿨다. 유기농이 좀 비싼 편이라 보통은 채소나 과일부터 바꾸는 집이 많은데 난 과감하게 쌀부터 바꾼 것이다. 밥상의 주인은 밥이다. 밥을 정성껏 지어내면 밥상이 비옥해진다.

● **아, 밥을 잘 짓는다가 제1원칙이었구나. 그 다음 중요한 지침들을 소개해달라.**

제철에 나는 재료를 쓴다. 그리고 짜지 않은 전통음식(장류나 김치류)을 많이 활용한다. 화학조미료 대신 이리저리 궁리해서 다양한 맛을 개발하려고도 노력한다. 우리 집 음식의 기본은 현미밥, 다시마물, 들깨를 많이 사용한 반찬이다.

● **화학조미료를 안 쓰고 대신 무엇을 어떻게 하나.**

다시마물을 많이 쓴다. 큰 양푼에 다시마를 팔뚝만한 길이로 담가놓으면 찐득찐득한 다시마액이 나오는데 그렇게 두어 번 우려서 냉장고에 넣어두고

맛있는 현미밥 짓기

- 현미는 충분히 불린 후 밥을 해야 부드럽게 먹을 수 있다. 12시간 이상 충분히 불리고 날씨가 더워지기 시작하면 냉장고에 넣어 두고 불린다. 바쁠 때는 미처 현미를 못 불려서 백미에 현미를 조금 섞어서 밥을 하기도 한다.

- 밥을 지을 때 현미의 비율도 중요하다. 현미에 약간의 잡곡을 섞어서 밥을 지어야 진짜 현미밥이다. 처음부터 먹기 힘들면 백미+약간의 현미나 잡곡으로 시작했다가 현미량을 점점 늘려가는 것도 한 방법이다. 현미밥을  부드럽게 먹기 위해서는 찰기가 있는 잡곡을 사용해야 하는데 혼합잡곡보다는 현미찹쌀, 수수, 기장, 흑미 등 한두 가지만 섞어서 밥을 하면 잡곡에 따라 밥맛이 달라진다. 너무 많은 잡곡이 섞여 있으면 오히려 소화에 방해가 될 수도 있다.

- 인숙씨네 집은 현미와 현미찹쌀의 비율이 6대4나 7대3의 비율. 여기에 한 가지의 잡곡을 섞어서 밥을 짓는다. 주로 현미밥을 먹지만 아이들이 흰쌀밥을 원할 때는 흰밥도 가끔 해준다. 흰쌀에 기장이나 수수, 흑미를 넣어서 노랑밥, 빨강밥, 까망밥 하면서 먹어도 아이들은 좋아한다. 요즘 생협에서 나오는 녹미, 적미 등을 이용해보는 것도 좋겠다.

＊1년 생활비 전체를 놓고 보면 유기농 쌀값의 비중이 생각보다 크지 않다. 오히려 쌀값보다는 잡곡값이 비싼 편. 이것도 밖에서 고기외식 한두 번 안하고 고기반찬을 조금만 줄여도 충분히 충당할 수 있다. 현미밥을 먹으면 영양분이 골고루 있어서인지 고기반찬이 그렇게 당기지 않게 된다.

현미가 좋은 이유

쓴다. 영양가도 많고 국맛 내기에도 괜찮다. 이 물에 멸치를 넣고 끓인 후 (다시마는 우려내고 멸치는 끓인다) 이걸로 모든 요리를 하면 맛있다.

다시마물로 국물김치도 담그고 주먹밥이나 김밥 만들 때도 밥물로 물 대신 다시마물 넣고 소금으로 간해서 밥을 하면 훨씬 맛있게 된다. 일단 다시마물을 신경써서 만들어놓으면 음식에 특별히 간을 해주지 않아도 맛이 난다. 한번은 TV에서 축구선수들 밥 해주시는 분이 나와서 자신은 다시마물이나 멸치를 많이 쓰는데 선수들 체력에도 도움이 된다고 하더라.

국간장 대신 액젓을 사용해서 요리를 해도 맛이 괜찮다. 미역국이나 계란찜을 할 때도 액젓을 넣어 사용하면 맛이 좋다.

● 요리에 깨도 많이 쓴다고 하셨다. 어떻게 활용하나?

보통은 참깨(깨소금)를 많이 먹는데 난 들깨도 많이 사용한다. 국이나 반찬에 들깨를 잘 넣는다. 흑임자는 강정을 해서 먹이려고 했더니 품이 많이 들어 힘들더라. 그래서 대신 죽으로 끓여 먹인다. 흑임자가 깨치고는 달짝지근한 편이어서 좋다. 깨를 볶아서 식탁에 놓아두기도 한다. 그러면 식구들이 오가면서 한 숟가락씩 퍼먹기도 한다.

● 냉장고에는 무엇을 두고 쓰나.

고추장, 된장, 맛간장(가다랭이, 다시마가 들어 있는 간장), 어간장(등 푸른 생선, 다시마, 무를 숙성시킨 간장. 주로 생선조림에 많이 사용한다), 멸치액젓(마땅한 국간장이 없을 때 사용하면 깊은 맛을 낼 수 있다), 새우젓, 들기름, 참기름, 매실 액기스, 배 농축액, 국간장, 참맛가루, 생강가루, 쑥가루, 새우가루, 미숫가루, 청국장가루, 들깨가루 등을 항시 준비해두려고 한다.

다시마 우린 물을 많이 사용하지만, 미처 준비가 안 됐거나 급할 땐 참맛가루도 사용한다. 냉동실에는 여러 종류의 떡(바쁠 때 아이들 간식으로 사용), 대추(가을에 넉넉하게 사 두었다가 푹 삶아서 곱게 갈아 겨울에 끓여 먹는다), 쌀가루, 견과류, 콩류, 멸치 등을 준비해둔다. 집에서 김치나 장류를 직접 담궈보는 것도 참 좋은 일이라고 생각된다.

● 사실 전통식품 좋은 건 알겠는데, 한참 애 키우는 20~30대 엄마들에게 권하기란 좀 어렵다. 마치 첫아이 낳고 진통하느라 힘 빠진 며느리한테 '애는 둘은 있어야 한다'고 다짐받는 시어머니 말처럼 들린다. (웃음)

아, 맞다. 그건 그렇다. 정정하겠다. 나이 마흔에 접어들고, 애들도 어느 정도 컸다 싶으면 장 담그기 김치 담그기를 배워보자. 그 전엔 사 드시고.

편하게 하자. 일품요리, 그러니까 음식 한 가지를 푸짐하게 해서 먹어보시라. 나도 바쁠 땐 그렇게 한다. 예를 들어 두부김치 같은 것도 아주 좋다. 김치를 맛있게 볶아서 두부 부쳐서 쫙 둘러내면 푸짐한 요리가 된다. 오징어 볶음도 좋다. 야채 듬뿍 넣어서 볶아내자.

재료도 없으면 없는 대로 해보라. 다섯 가지 재료가 필요한데 냉장고에 세 가지 밖에 없다면 요리 자체를 포기하는 분들이 많다. 부족한 한두 가지를 뭘로 보충할까 생각을 해보면 음식 만드는 부담이 한결 덜어진다. 그 재료가 없으면 절대 안 돼라는 생각을 좀 바꿔보자.

찌개 끓이고 생선 굽고 나물하고, 이렇게 매번 잘 먹을 순 없다. 일하는 엄마는 더욱 어려운 일이다. 진수성찬을 차려먹자는 것이 아니다. 일주일에 두세 번만 신경써서 차리고 나머지는 요리 한 가지를 푸짐하게 하고, 신선한 야채와 곁들여 먹는 것도 좋지 않을까.

이웃 엄마들하고 요리 모임을 가져보면 좋을 것 같다. 서로 각자 잘하는 요리를 가르쳐주고 배우는 일 말이다. 재료비 내고 장보는 순서 정하고 날짜 정해서 다 같이 모여 요리 만들고 만든 요리를 나눠서 가져간다. 누가 보고 평

가하는 게 아니니까 자꾸 하다보면 솜씨도 늘고 요리가 재미있어진다.(그녀
가 속해 있는 한살림 과천지부의 '수랏간 모임'이 이렇게 진행되고 있다.)

　그런 엄마들은 다른 걸 잘하시겠지. 내가 다른 걸 잘 못하는 것처럼! 음식
에 자신 없는 엄마들은 '맛있게' 부담은 좀 덜어내시고 '건강하고 신선하게'
만 신경쓰시면 좋겠다.

　■ 나 같은 맞벌이 엄마는 조미료 안 쓰거나 덜 쓰는 반찬가게, 재료를 믿을 만하게 쓰
　는 단골 반찬가게를 정해서 손이 많이 가는 나물 종류를 사다 먹는 것도 한 방법이
　다. 밥은 집에서 하고 반찬 몇 가지만 사다 먹는 것이, 밥상 전체를 외식에 맡기는
　것보다 더 낫지 않을까.

　아이들이 음식 맛에 새로 눈을 뜨게 된다. 한살림이나 혹은 여러 생협에서
주최하는 '생산지 방문' 행사에 아이를 참여시키자. 현지 경험을 통해 아이가
먹을거리에 대해 '눈'을 뜨고 '생각'이란 것도 하게 된다.

　아이가 좋아하는 과자류 햄류 등 가공식품에 들어가는 식품첨가물 정보를
엄마가 미리 익혀두면 좋겠다. 아이가 사달라고 할 때, 우선은 겉포장지에 적
힌 식품첨가물을 읽어주고 이걸 많이 먹으면 어디에 안 좋다고 말해주자. 선

택은 아이가 하되, '네가 먹는 음식에 어떤 안 좋은 점이 있다는 것은 알고 먹어'라고 하면 좋겠다. 하지만 '나쁜 음식 안 먹게 하는 일'보다 상대적으로 '건강한 음식 더 많이 먹이는 일'에 매진하면 좋겠다. 세 끼 밥을 정성껏 해 먹이는 일이 가장 중요하다.

● 간식을 맛있게 만드는 법은.

방과 후 교실의 간식 알바를 했을 땐 돈 받고 하는 일이고 아이들에게 부모 사랑과 정성을 느끼게 해주려고 음식을 많이 디자인했었다. 그러나 정작 아이한테 좋은 간식은 찌거나 살짝 데치는 식의 단순요리법이 좋다. 아이를 사랑하면 할수록 요리법을 단순화시켜라. 야채 안 먹는다고 기름에 볶아서 먹인다면, 아이는 기름에 볶인 맛을 먹는 거지 그 야채를 먹는 게 아니다. 간혹 먹는 재미를 주기 위해 한두 가지 요리법을 발휘할 순 있지만 간결하고 소박한 음식이 좋다.

● 반드시 생협을 이용해야 할까.

생협 체계가 안전하고 믿을 만하긴 하다. 그러나 가장 중요한 원칙은 신선한 재료를 준비하는 일이다. 유기농 식품이라고 해서 대량으로 사놓고 냉장고 안에 둔 채 오래오래 먹는 일보다, 가까운 농협 마트나 믿을 만한 단골가게를 정해 싱싱하고 좋은 농산물을 그때그때 구입하는 게 필요하다고 본다.

■ 나는 『당신의 삶을 바꿀 12가지 음식의 진실』이란 책을 보고 아이가 싫어하는 음식 먹이기에 대해 몇 가지 힌트를 얻었다. 핵심은 '지치지 말고 되풀이해서 내놓기'다.

아이들이 새로운 음식을 미심쩍어하는 것은 흔한 일이라고 한다. 실랑이를 몇 번 하다가 지쳐서 져주기 시작하면 결국 '안 먹는' 음식만 늘어날 뿐, 그렇게 하면 아이가 먹고 싶어하는 음식이 '몸에 안 좋고 입에 단 음식' 리스트로 굳어질 수 있다는 것이다.

우리 아이도 줄기차게 새로운 음식을 거부했던 적이 있다. 난 그때 모든 아이가 다 그러는 줄도 모르고, 우리 아이만 유독 예민하게 군다고 힘들어했다. 아빠 닮아서 새로운 경험에 도전하지 않는 성격을 가졌다고 혼자 마구 속상해하고 혀를 찼다. 갖다붙일 걸 갖다붙여야지, 원! 좋은 음식 먹이기는 종종 이런 식으로 엄마의 무지와 인내심 결여로 쉽게 실패하곤 한다.

한 실험연구에 따르면 아이들이 싫어하던 음식을 부모나 보호자 또는 친구들이 맛있게 즐겨먹는 것을 보면 마음이 동할 수도 있다고 한다. 이런 일은 굳이 실험까지 가지 않아도 우리가 일상에서 흔히 경험하는 일이기도 하다. 아이가 좋아하는 이웃 형이나 사촌이 놀러 왔을 때, 우리 아이는 그 아이가 먹는 음식을 곧잘 따라 먹곤 했다.

『당신의 삶을 바꿀 12가지 음식의 진실』에 보면, 아이에게 어떤 음식을 먹이고 싶으면 부모가 먼저 자기 그릇에 그것을 가득 채우라는 말이 있다. 압박하지 말고 그냥 같은 음식을 자주 되풀이해서 내놓으라는 것이다. 거부당하면 아무 말 없이 도로 가져가고, 일주일 후쯤 다시 내놓고, 이런 일을 반복하란다. 언제까지? 될 때까지!

그리고 또 하나! 채소를 잘 먹으면 아이스크림을 상으로 준다는 식으로 하지 말란다. 채소가 맛있는 게 아니라 '꼭 참고 먹어야 할 불쾌한 것'이라는 인상을 더 강하게 굳히는 결과를 가져올 수 있단다. 잘 먹으면 스티커를 주고, 스티커가 일정량 모이면 원하는 일을 하거나 살 수 있도록 하는 것이 차라리 더 낫다고 한다. 보상으로 라면이나 아이스크림을 사주는 것? 그러진 않았으면 좋겠다. 달콤한 음식보다 더 좋고 신나는 일들이 많다는 걸 알려주자. 핵심은 몸에 좋은 음식에 혀를 길들이는 일이다.

아이에게 제철음식을 먹여야 하는 이유

한겨울 도시, 과일 과게에서 사온 참외를 아이가 맛있게 먹습니다. 엄마는 한숨을 쉽니다. 이 엄마는 시골 출신입니다. 지금 이 아이는 한겨울에 별미삼아 철없는 참외를 아무런 의식 없이 먹지만 엄마는 한여름에 제철에 나는 참외를 먹었습니다. 원두막에서요.

엄마가 시골 원두막에서 한여름에 먹었던 참외와 아이가 도시 아파트에서 냉장고에 넣었다 꺼내 먹는 참외는 겉모습과 맛은 같을지 모르지만 같은 참외가 아닙니다.

엄마는 아이의 할머니 할아버지가 하얗고 예쁘고 배가 통통한 참외씨를 잘 말려 간직했다가 그것을 땅에 묻어 싹이 트고 잎이 나고 덩굴이 뻗고 노란 꽃이 피고 작고 파란 참외가 앙징스럽게 커서 노랗게 익는 모든 과정을 옆에서 지켜보았습니다.

따라서 엄마가 원두막에서 부엌칼로 깎아 먹던 참외는 그냥 참외가 아닙니다. 그것은 동시에 참외의 성장 역사입니다. 엄마는 참외를 먹으면서 참외의 역사도 함께 먹은 것입니다. 단맛은 혀를 거쳐 위로 흘러들었지만 역사는 머리로 올라가 기억 속에 저장되었습니다. 이 엄마의 머릿속에는 씨앗 갈무리, 심기, 가꾸기가 다 저장되어 있어서 언젠가 그 참외를 스스로 길러낼 힘이 생겨난 것이지요.

그러나 도시에서 한겨울에 아이가 먹은 참외는 역사가 없습니다. 적어도 그 아이는 그 역사 현장에서 비켜나 있습니다. 이 아이는 앞으로도 참외 소비자가 될지는 모르나 생산자는 될 수 없을 것입니다. 머릿속에 입력된 정보라고는 '물기가 많은 단것' 밖에 없을 테니까요. 이 일화에서 '보기'로 등장한 것이 참외인 것은 다행한 일입니다. 참외는 먹어도 살고 안 먹어도 사는 기호식품이니까요, 그러나 먹지 않으면 살 수 없는 주곡이라면 어떨까요?

─〈스스로 살아남기, 더불어 살아남기〉 중에서

일단 과자를 잘 안 먹이려고 했고 가끔 찾으면 가능한 생협 과자를 먹이려고 했었다. 그러나 지금은 친정 부모님이 일반과자 사주시면 그냥 먹이기도 한다. 부모님이 아이들에 대한 애정표현을 과자로 하시는데 굳이 말리는 일도 아니다 싶어서다. 또 못 먹게 금기하는 게 오히려 더 먹고 싶게 하는 것이기도 하지 않나. 아이들에겐 또래 문화라는 것이 있다. 또 우리 문화 안에는 과자 사주는 걸 손주에 대한 사랑의 표현이라 생각하는 부모세대의 정서가 있다. 이런 가운데 우리가 어떻게 모든 해로운 음식을 완벽하게 차단하고 살 수 있단 말인가. 좋은 음식을 자주 먹고 해로운 음식은 아주 가끔씩 즐기는 것이라는 점을 가르쳐주는 것이 차라리 더 현명한 태도일 것이다.

시중에서 파는 각종 소스는 첨가물 덩어리라 해도 과언이 아니다. 우리 집에선 들기름 소스를 만들어 먹는데 아이들이 잘 먹는다.

들기름 소스 만드는 법

재료 간장, 들기름, 마늘, 참깨나 들깨, 고춧가루, 매실액 액기스, 식초 약간

준비된 재료를 모두 섞어서 야채에 뿌려 먹는다.

예전 우리 어머니 세대의 '음식생활'에서 눈여겨봐야 할 것이 있다. 전에는 집집마다 음식을 해서 이웃에 돌려 먹는 일이 많았다. 아이들에게 이웃과 음식 나누는 모습을 많이 보여주자. 초코파이가 정이 아니라 직접 만든 음식이 정이라는 걸 알려주는 거다.

쉽게 떡 만들기

재료 쌀가루 4~5컵, 설탕이나 꿀 4~5숟가락,
　　　삶은 팥이나 콩

1. 쌀을 깨끗이 씻어서 방앗간에서 빻아온다.
   (밥을 할 때보다 여러 번 헹구어서 5~6시간 불린다.
   방앗간에서 쌀을 빻을 때 소금을 넣어달라고 부탁한다.)
2. 콩이나 팥을 삶아서 설탕을 조금 넣어 버무려놓는다.
3. 쌀가루에 2~3숟가락의 물을 넣고 비벼서 체에 내린다.
   (떡을 찔 때 수분이 적으면 가루가 하얗게 되면서 익지 않는다.)
4. 3에 콩이나 팥을 넣고 살살 섞는다.
5. 설탕을 마지막에 넣은 후 찜 솥에 베보자기를 깔고 20~25분 찐다.
6. 젓가락으로 찍어서 하얀 가루가 묻어나지 않으면 완성.

찜솥 안에 우유팩이나 종이컵을 잘라서 놓고 그 안에 쌀가루를 넣고 찌면 조그만 미니 떡이 되기도 한다.

Tip 남은 쌀가루는 부침개 할 때 넣으면 바삭한 맛이 난다. 또 쌀가루에 우유 넣고 묽게 반죽해서 고구마 잘게 썰어 와플팬에 구우면 영양만점 간식이 된다.

그리고 다양하게 먹어보자. 가만 보면 먹던 것만 먹는 집이 많다. 사철 나는 제철재료를 다양하게 먹여보자. 그리고 아이들 생일상에 대해서도 생각해보자. 과거 치킨이나 피자가 귀하던 시절엔 생일에 그걸 먹였지만 지금은 일상에서 너무 자주 먹는 음식들이다. 생일날까지 또 그런 음식을 먹일 필요가 있을까. 생일날엔 미역국과 불고기, 잡채, 샐러드 등을 차려줘보자. 케이크 대신 떡을 만드는 것도 좋다. 떡 만들기 의외로 어렵지 않다. 우리 아이들 생일날 그렇게 해서 먹였더니 의외로 아이들이 좋아하면서 잘 먹더라. 내가 태어난 날이다. 이렇게 의미 있는 날에 치킨, 피자, 김밥보다는 정성이 들어간 잘 지은 음식을 먹는 법을 배워야 하지 않을까.

당신의 부엌은 따뜻한가요?

일본 출신의 영양학자 마쓰다 마미코는 아이들에게 흔히 저질러지는 '최악의 시나리오'를 다음과 같이 이야기한다.

몸에 적합하지 않은 먹거리를 아이들에게 먹인다 → 생체가 요구하는 영양이 공급되지 않는다 → 면역력이 떨어진다 → 병에 잘 걸린다 → 자주 감기를 앓고 중이염이나 기관지염 등이 발병한다 → 치료받던 소아과로 데려간다 → 항생물질을 투여한다 → 건강 유지에 도움이 되는 이로운 장내세균이 죽는다 → 더욱 병에 걸릴 체질이 된다.

어린이가 이런 주기를 되풀이해 겪으면서 성인이 되어간다면? '간다면'이 아니라 실제 이렇게 '되어가고' 있다. 주변을 보면 이런 패턴을 착실하게 밟고 있는 엄마와 아이들이 적지 않다. 남 말해서 뭐하나. 나도 한창 바쁠 땐 이랬는걸!

제대로 잘 먹이면 사고나 긴급사태를 제외하곤 의사를 만날 일이 없는 아이로 키울 수 있다. 암 치료요법에서 식이요법의 중요성을 강조한 독일 의사 막스 거슨Max Gerson도 일찍이 말했다. 집집마다 부엌불이 식어 성인병이 만연하게 되었다! 라고. 부엌이 따스해야 한다.

그런데 문제는 매일 삼시 세 끼 해 먹기가 너무 힘들다는 점이다. 온 가족이 골고루 일을 나눠서 좀 해주면 얼마나 좋을까. 아침은 엄마가 저녁은 아빠가 점심은 아이들이 다 같이 힘을 보태면 오죽 좋을까. 살림노동의 민주화가 일어나면 좋겠다. 그래야 부엌이 늘 따뜻할 수 있을 텐데. 하지만 아직은 요

원한 이야기로 보인다. 살림노동은 여전히 엄마 한 사람에게 집중된 가정이 많다. 억울하다. 하지만 나를 포함해서 가족의 건강, 특히 자라는 내 아이가 평생 건강한 입맛을 갖길 바란다면 나부터 나서는 수밖에.

『강아지 똥』을 쓰신 권정생 선생님은 20년 동안 조그만 시골 교회에서 종치

인숙씨네 밥상

봄에 즐겨 먹는 음식 _ 냉이국, 달래 간장, 쑥버무리, 김밥

봄에는 신선한 나물반찬을 즐겨 먹는다. 냉이는 된장에 묻혀 먹고 국도 끓이고, 달래는 양념장을 만들어서 비벼 먹는다. 돌나물은 초고추장을 만들어 새콤달콤하게 먹고 쑥은 콩가루 넣고 국 끓이고 쑥버무리나 부침개로 해 먹는다. 들깨소스를 만들어서 여러 가지 야채에 뿌려 먹기도 한다.

여러 가지 야채와 햄, 계란지단을 채 썰어 놓고 각자 야채를 골라서 김밥을 싸 먹으라고 하면 자기가 좋아하는 건 많이 넣고 싫은 건 조금만 넣어서 잘 만들어 먹는다.

여름에 즐겨 먹는 음식 _ 콩국수, 열무국수, 삼계탕

일 년 중 제일 부실하게 먹는 때. 주로 일품요리나 국수를 많이 해서 먹는다. 콩을 넉넉하게 삶아 냉동실에 넣어 두고 필요할 때 꺼내서 콩국수 만들어 먹는다. 믹서에 콩을 갈 때 참깨나 땅콩, 잣을 갈아서 넣으면 국물이 맛있어진다. 열무김치에 물을 많이 잡아 김치를 담그고 다시마물에 양념을 해서 열무국수를 말아 먹어도 좋다. 여름에는 녹두, 찹쌀 넣고 삼계탕을 자주 끓여 먹는다.

기를 하셨다. 어느 해 겨울, 새벽 4시 혹독한 추위 속에서 장갑을 끼고 종을 치다가 아차 정신이 번쩍 들었다. 하느님의 말씀을 삼라만상에 전하는 이 거룩한 시간에 자기가 손 시리다고 장갑을 끼고 있다는 게 말이 되느냐는 깨달음이 온 것이다. 그후론 아무리 추위도 맨손으로 경건하게 종을 쳤다고 한다.

가을에 즐겨 먹는 음식 _ 약식, 고구마순 김치, 닭계장

가을에는 햇곡식이 많이 나오는 계절이니까 밤, 대추, 콩을 이용해서 약식도 하고 떡도 찐다. 고구마순으로 김치를 담그면 아삭아삭하고 시원해서 아이들이 잘 먹는다.
닭계장은 사계절 내내 잘 끓여 먹는 음식이다. 닭계장은 고사리, 토란대, 양파, 버섯, 대파 넉넉히 넣고 끓여 여러 끼를 잘 해결할 수 있다.

겨울에 즐겨 먹는 음식 _ 비지찌개, 비지전, 감자탕, 도토리묵밥, 팥죽

김장을 넉넉하게 해놓고 김치를 이용한 요리를 많이 해 먹는다. 콩을 갈아서 비지찌개 해 먹고 비지전도 부쳐 먹으면 고소하고 맛있다. 감자탕도 우거지, 된장, 새우젓, 마늘, 들깨가루, 콩나물, 감자 넣고 끓여 먹는다. 간단하게 돼지등뼈에 김치, 감자만 넣어도 된다.(아무리 간단해도 양파, 대파는 넉넉하게 넣어야 한다.)
도토리묵도 가루 사서 많이 쑤어 먹는다. 남은 도토리묵은 채 썰어서 김치, 계란지단, 김 잘라서 다시마국물 넣고 도토리묵밥도 해 먹으면 별미다. 아이들과 같이 새알심 만들어 호박죽도 끓이고 팥죽도 자주 먹는다.

세상 엄마들이 끼니때가 되면 권 선생님의 이 일화를 되새겨보았으면 싶다. 나한테는 이 일화가 큰 도움이 되었다. 피곤하고 귀찮아서 한 끼 시켜먹을까 싶어 전화기를 들다가도 문득 정신을 차리고 앞치마를 두르곤 했다. 나와 내 아이, 우리 가족의 몸이 되고 정신이 되고 건강이 될 한 끼를 '귀찮다'고 대충 때우려는 나 자신을 반성했다. 그렇게 성스러운 마음을 갖고 소박하게 한 끼 차려먹고 나니 남편이 '고맙다고 잘 먹었다'고 설거지를 해준다. 음식은 내가 하고, 아이는 수저를 놓고, 남편이 설거지를 해준다. 여기까지 오는 데 10년이 걸렸다. 사실 이 정도만 협조해주어도 세상 많은 엄마들의 부엌일이 살아날 텐데.

억울한 마음을 억누르고 그래도 소매를 걷어붙인 엄마, 당신은 너무 소중한 사람이다. '모심'과 '살림'과 '돌봄'을 실천하는 멋진 분이시다. 단 매일 잘하려고 하지 말자. 그냥 당장에 우리 집 부엌 불부터 꺼트리지 않는 것을 목표로 삼자. 두부부침 하나에 김치 한 그릇, 혹은 생선구이 하나에 김구이, 김치 하나만이라도 올려놓자. 그렇게 소박한 한 끼 식사에 만족할 줄 알자. 생채소와 견과류를 곁들어 내어주면 금상첨화. 온갖 기름진 요리가 가득한 화려한 밥상보다 실은 그렇게 소박하게 보고 먹고 자란 아이들이 평생 건강하다.

1. 착한 손을 가졌다.

사람은 몸을 움직여 수고스럽게 일해야 착해진다. 희생할 줄 알아야 정신이 고양된다. 인숙씨의 착한 손이 나는 부럽다. 무엇을 먹이나, 어떻게 먹이나를 알아도 착한 손이 없으면 밥상 차리기가 잘 안 된다. 누누이 말하지만 모성에도 강점 지능이 있다고 본다. 누구는 책읽기를 잘하고 누구는 미술놀이를 잘해준다. 각자 잘하는 것을 하는 것이 좋다. 다만 먹는 일만큼은 예외다. 세상 많은 엄마들이 다 같이 의식적으로 노력해야 할 일이다. 다른 건 다 못해도 먹는 일 하나만큼은 공들인다면 엄마 노릇 50% 이상은 하고 있는 셈이다.

우리 시어머님도 그랬다. 어머니 칠순 잔치를 앞둔 전날 시할머님이 돌아가셨다. 나이 칠순이 다 되도록 시어머니 밥상을 차려드린 시어머니. 비가 오나 눈이 오나 몸이 아프나 마음이 수런대거나 검은 머리 파뿌리 되도록 한평생 부모 진지상을 차렸던 시어머니의 공은 내 마음을 숙연하게 한다. 내가 존경하는 사람은 학식이 많은 전문가가 아니다. 인숙씨나 우리 시어머니처럼 착한 손을 가진 사람들이다. 이분들을 닮고 싶다.

2. 편하고 여유로운 태도를 가졌다.

'좋아하는 음식과 싫어하는 음식'만 알고 있는 아이들에게 '좋은 음식과 나쁜 음식'을 가르치는 일. 인숙씨는 이 일을 억지로 강요하면서 하지 않는다. 대신 건강한 밥상을 차려줘서 아이가 하루 먹는 음식의 대부분을 좋은 음식으로 채워주려고 한다. 이런 인숙 씨의 태도는 지혜롭다. 올바르다. 나도 모르게 먹는 좋은 음식이 가랑비에 속옷 젖듯이 좋은 입맛을 길러주고 있는 건 아닐까.

🌀 인숙씨의 메시지

1. 소박한 요리책을 옆에 두세요.

친구가 하루는 말하더군요. 요리책에서 캘리포니아롤 만드는 법을 배우고 그 재료를 샀더니 수만 원이 들더라고. 재료 사다가 그날 한 끼 먹고 나니 무척 허무했다고요. 요리책을 보고 화려한 요리를 하는 일은 어쩌다 한 번 할 일이지 자주 해볼 일은 아닌 것 같습니다. 일상의 음식은 소박하고 간결하게 만들어 드세요.

2. 밥 짓는 일에 공을 들이세요.

밥이 밥상의 반 이상을 차지합니다. 밥을 공들여 지으세요.

3. 매식買食은 내가 하기 어려운 음식으로

사골국의 경우, 바쁠 때 난 생협에서 고아 나온 것을 사 먹습니다. 순대국 같은 것은 가족이 나가서 사 먹기도 합니다. 그런데 매식을 하고 나면 참 허무해요. 다음 날 먹을 반찬거리가 하나도 없게 되는 거예요. 매식이 매식을 부릅니다.

4. 이웃 엄마들과 요리를 함께 해보세요.

서로 각자 잘하는 요리를 가르치고 배우면 요리솜씨도 좋아집니다.

5. 생산지에 아이를 데려가보세요.

현지 경험을 통해 아이가 먹을거리에 대해 생각하게 됩니다.

몸으로 익힌 경험은 살아 있는 지식이 된다

66
부모가 수학문제를 대신 풀어주긴 어렵다.
할 수 있는 일은 두 가지, '수학이 재미있다는 경험',
그리고 '나는 수학을 잘한다는 자신감 주기' 뿐이다.
유년기에 이 두 가지를 잘 해주면 부모는
수학이란 학문에 들어갈 수 있는
최선의 열쇠를 쥐어준 것이다. **99**

문제집은 나중에 풀어도 괜찮아

호기심이 많은 동이, 품앗이 친구들과 어울려 일찍부터 다양한 수학놀이를 하며 자랐다. 동이는 두 돌 무렵부터 오리고 붙이고 만드는 놀이를 좋아했다. 세모 네모 동그라미 모양들은 일찍부터 동이의 친구였다. 동이는 또 빨래를 개키면서 '크다 작다 길다 짧다' 개념을 배웠다. 빨래를 다 개키면 안방에 가져갈 것, 화장실에 갖다놓을 것, 작은 방 옷장에 갖다놓을 것을 구분하면서 분류법도 익혔다. 동이는 성냥개비와 칼라점토를 갖고 원시인 집 지어주기 놀이를 하면서 도형감각도 길렀다. 수 놀이, 패턴놀이, 측정놀이. 거의 모든 수학 개념을 동이는 바둑알 놀이, 요리, 바느질 등 생활 속 놀이로 익혔다.

동이는 1,2학년이 될 때까지 학습지나 문제집을 풀진 않았다. 그래도 수학 성적은 90점 언저리였다. "엄마, 나도 친구들처럼 문제집 좀 풀어야 하는 것 아냐?"

엄마가 문제집 방면으로 전혀 길안내를 하지 않으니까, 2학년 때 동이 입에서 드디어 수학 문제집 사달라는 말이 나왔다.

"글쎄…… 문제집은 좀 더 학년이 올라가서 풀어도 괜찮아."

엄마의 시큰둥한 반응에 몸이 단 건 오히려 어린 딸이다. 심드렁한 엄마를 졸라서 드디어 자기 마음에 드는 문제집을 산 딸, 꽤나 열심히 잘 풀더라나.

동이가 매일 놀기만 한 것은 아니다. 여섯 살 일곱 살 또래들이 유치원에서 연산문제를 막 풀기 시작할 때 동이는, 좀 거창하게 말하자면 '동이표 수학 문집'을 만들곤 했다. 말이 문집이지, 그냥 동이의 생각을 그리고 싶은 대로 말하고 싶은 대로 엮어본 낙서장과 비슷한 형식이다. 하지만 이 낙서장 안에서 4+4=8, 8-4=4 라는 수학공식은, 기쁘기도 하고 때로 슬프기도 한 짧은 드라마로 재탄생되곤 했다.

"물방울 네 방울이 있었어요. 옆 동네 네 방울이 놀러 와 친구가 되었어요. 참 기뻤어요. 그런데 이웃에서 네 방울을 빼앗아갔어요. 남은 물방울들은 슬퍼졌습니다." 동이는 이런 식으로 물방울 이야기를 가지고 더하기 빼기 감각을 익혔다.

"야아~ 멋지다! 바로 이런 것이 문집이지, 문집이 뭐 별거냐."

엄마는 동이의 솜씨를 자주 칭찬해주곤 했다. 그럴 때마다 어린 동이 마음은 노벨상 받은 소설가라도 된 양 한껏 부풀어오르곤 했다.

동이는 무엇보다 자기가 배운 내용을 실제 생활에 잘 써먹는다. 대분수를 배울 때는 라면 끓이면서도 '물을 2와 2분의 1컵 넣고……' 운운하며 양과 수를 노래말처럼 즐겨 부른다. 어릴 때 엄마랑 다양한 노랫말로 수학놀이를 한 기억 덕분일 것이다. 곱셈도 몇 분 안에 금방 외웠다. 동이는 친구들에게 문제풀이 설명도 잘한다. 하도 잘해서 한때는 '수학 과외 선생님'이란 별명도 얻었다고 한다. "어른들이 가르쳐주는 것보다 네가 가르쳐주는 것이 더 쉬워~." 친구들이 동이에게 했던 말이다. 동이는 수학놀이를 통해 세상에 존재하는 '어떤 규칙'과 '질서'를 잘 이해하는 어린이가 되었다.

어린 시절, 동이가 남다르게 경험한 것은 단지 수학놀이뿐이 아니었다. 엄마와 친구들과 함께 신나게 다녔던 박물관 여행도 동이에겐 잊을 수 없는 체험이었다. 농업박물관에서부터 자연사박물관, 서울역사박물관 등에 이르기까지 동이는 박물관에 갈 때마다 세상에 존재하는 수많은 것, 다양한 것들을

남대문 시장에서 '귀신파티' 같은
'생일파티' 준비물 (할로인 파티에도 쓰기)

1. 초대장 23개
2. 장식용 해골4개
3. 장식용 트리 10개
4. 장식용 호박10개
5. 막대기 해골2개
6. 장식용 박쥐10개
7. 도끼1개

좀 더 세심하게 들여다보고 만져보고 느껴볼 수 있었다. 책에서 봤던 것들을 박물관에서 만나면 어찌나 반갑던지. 그리고 그것을 학교 수업시간에 또 만나게 되면 영 잊을 수 없는 지식이 되었다. 동이는 책상 앞에 앉아서 책을 통해 지식을 배운 것이 아니라 손, 발, 머리, 온몸을 동원해서 살아 있는 지식을 배운 아이다. 날로 해박해지는 동이.

'인쇄된 종이 위에 놓인' 한 꾸러미의 숫자'가 수학은 아니에요

동이엄마 이원영씨는 10여 년 동안 아이들에게 수학을 가르친 수학강사였다.

원영씨가 만나본 학생들은 대부분 수학을 못하고 싫어하는 아이들이었다.

"수학 없는 세상에 살고 싶어요."

"누가 수학을 만들었나요?"

얼굴을 찡그리며 온몸으로 수학공부를 거부하는 아이들을 보면서 참 궁금했단다.

"우리 애는 1, 2학년 때는 수학을 좋아했고 잘 했어요. 그런데 학년이 올라가면서 점점 힘들어하네요."라는 엄마들도 있었다. 왜 그럴까?

원인은 바로 기초 부족!

어릴 때부터 숫자 세기, 더하기, 빼기 연산문제를 열심히 훈련한 아이들의 경우, 1~2학년까지는 수학이 쉽고 제법 재미있게 느껴질 수도 있다. 그러나 수학의 세계는 그보다 더 광대하고 깊다. 도형 측정 분류 함수 방정식 등 다양한 규칙과 질서들이 나오게 되면, 아이들은 당황하게 된다. 다양한 '수학의 기초'가 없기 때문이다. 어릴 때 1,2,3,4…… 숫자 세는 것, 더하기 빼기, 구구단외우기 수준에 머물렀던 아이, 이 아이의 머릿속 수학은 애초부터 기초가 부실한 건물 형태로 세워져 있는 것이다.

어떻게 해야 기초를 잘 쌓아줄 수 있을까.

생활 속에서 다양하게, 재미있게, 수학 기초놀이를 많이 해보자. 수학놀이를 하면서(사실 아이는 수학놀이가 아니라 그냥 놀이를 하는 것이다) 생각하는 힘을 차근차근 길러본 아이들이 유리하다. 이런 아이들이 '수학이 재미있다, 난 수학을 잘한다'고 생각할 줄 알게 되면 수학을 잘할 확률은 점점 높아진다. 이것이 원영씨가 딸과 함께 열심히 수학놀이를 한 이유다.

2002년, 원영씨는 동이와 친구들이 즐겼던 수학놀이를 묶어 『수학아, 놀자』라는 책으로 펴냈다. 책 서문에서 그녀는 많은 가정에서 행해지고 있는 수학교육을 비감스러워했다.

"…… '인쇄된 종이 위에 놓인 한 꾸러미의 숫자'로 어렵게 수학을 시작한 아이들은 날이 갈수록 점점 더 어렵고 풀 수 없는 문제들과 부딪칩니다. 이것이 놀이를 포기하고 배움을 선택한 아이들의 결과인가요?"

그녀는 말했다. 대부분의 아이들이 학년이 올라갈수록 수학을 못하고, 그렇게 수학을 못하는 아이들에겐 공통점이 있다고. 순간적으로 더하거나 빼서 답이 나오지 않으면 더 이상 생각하려 하지 않는다는 점, 책읽기가 약해서 어휘와 문맥을 이해하지 못하는 점, 도시 아이들 특유의 체험놀이 부족, 손조작 놀이의 부족으로 공간 감각이 떨어지는 점.

『수학아, 놀자』에 실린 놀이들은 바로 그런 점을 보완해주는 놀이들이다. 나 역시 이 책에 실린 다양한 수학놀이를 아들과 재미있게 해본 경험이 있다.

물론 한국 현실에서 학교 수학을 잘하려면 놀이만 갖고는 충분치 않을 것이다. 한국의 학교 수학은 발달연령에 비해 일단 수준이 너무 높고, 단시간에 많은 문제를 풀어야 하는 문제풀이 위주의 평가방식을 지니고 있다. 그러다보니 학교에서든 가정에서든, 학원에서든 수학하면 개념이해보다 문제풀이에 더 많이 치중한다. 더 높은 점수를 받기 위해서다. 엄마들이 많은 문제를 신속하게 처리하는 방식, 즉 연산풀이 훈련에 집착하게 되는 것도 무리는 아니다. 엄마들이 가진 이 불안감, 위기감은 일견 타당해 보이지만 그러나 여기에도 문제가 있다. 바로 그 시기가 너무 일찍 조성된다는 점이다. 어떤 엄마는 다섯 살부터 위기감을 갖는다. 세 살부터 위기감을 감지하는 엄마들도 있다.

그런데 이렇게 갈 길이 바쁘다는 엄마들이 꼭 생각해봐야 할 점이 있다. 수학은 고리학습이고 단계학습이라는 점이다.

수학은 체계적인 과정을 거쳐 '생각하는 힘'을 기르는 과목이다. 생각하는 힘은 시간을 두고 무르익어가는 속성을 지니고 있다. 어릴 때 하하 호호 웃으면서 재미나게 다양하게 수학놀이를 즐기는 과정! 이 체험이 깊고 깊을수록, 아이는 수학을 좋아하게 된다. 좋아해야 오래 생각할 수 있고, 오래 생각해야 이미 아는 지식을 응용해서 한 차원 더 높은 지식에 가 닿는 일도 할 수 있다. 중학교 고등학교 가서 푸는 수학문제가 바로 그런 형태이다. 자기가 아는 것을 다 동원해야 한다. 어렵고 힘든 과정을 꾹 참고 견뎌야 풀 수 있다. 좋아하지 않는데, 더 이상 생각하기 싫은데, 누가 그 힘든 일을 견뎌낼 수 있겠는가. 그러니 어릴수록 수학을 어떻게 하면 좋아하게, 즐기게 할 수 있을까 고민하자. 모든 과목이 다 그렇지만 특히 수학은, 꼭 그렇게 시작하는 것이 좋다.

즐거움 한 컵, 깨달음 한 스푼

놀이를 통해 아이에게 '진짜 배움'의 열쇠를 주고자 했던 원영씨, 비단 수학 뿐이겠는가.

엄마는 하나밖에 없는 어린 딸에게 '즐거움 한 컵, 깨달음 한 스푼짜리' 배움을 주고 싶었다. 어린이에게 즐거움이 빠진 교육은 죽은 교육이라고 철저하게 믿었던 엄마, 놀이야말로 어린이 교육의 최고봉이라고 확신했던 엄마, 엄마는 그때부터 외치고 다녔다. '놀자, 놀자아……!'라고.

그래서 만든 것이 인터넷사이트 '놀자아www.noljaa.co.kr'다. 이 사이트를 통해 엄마들은 각자 알고 있는 수학놀이를 올려보기로 했다. 일종의 놀이은행인 셈이다. 수학놀이뿐 아니라 요리놀이, 언어놀이, 표현놀이 등 아이들과 놀 수 있는 다양한 인지놀이들이 주제별로 올라왔다.

2003년 원영씨는 영국여행에서 특별한 경험을 하게 된다. 그해 여름, 원영씨와 동이는 대영박물관 앞에서 막막한 심경으로 서 있었다. 구경할 건 많은데 도대체 어디서부터 봐야 하나 싶었던 것이다. 그런데 가만 보니 동이 또래 아이들이 입구에서 종이를 한 장씩 집어 들고 열심히 구경을 하고 있었다.

아이들이 들고 있는 것은 바로 박물관 워크시트Worksheet였다. 박물관 전시물을 직접 보면서 완성하는 활동지인 워크시트는 종류도 한두 가지가 아니었다. 관심 주제와 나이별로 여러 종류가 마련되어 있었다. 모녀는 워크시트지를 들고, 그림 찾아 색칠하기, 동물 귀와 몸통 연결하기, 그림퍼즐 맞추기 등시트지 내용을 따라다니면서 신나게 박물관을 누비고 다녔다. 자연사박물관, 연극박물관, 런던박물관…… 영국에선 가는 곳마다 워크시트가 있었다.

　워크시트 덕분에 너무나 멋지고 신나는 박물관 여행을 한 원영씨. 박물관 구경하기 맛이 흠뻑 들은 모녀는 한국에 돌아와서도 박물관을 찾아 다녔다. 하지만 우리나라 박물관엔 워크시트가 따로 없었다.(현재는 국립중앙박물관 내 어린이박물관, 삼성 어린이박물관, 국립민속박물관 내 어린이박물관 등에서 워크시트를 제공하고 있다.)

원영씨는 어린이들이 쉽게 찾아갈 만한 박물관의 워크시트를 직접 만들어보기로 했다. 첫 작품이 농업박물관 워크시트였다.

〈원시 무문 토기를 찾았나요? 토기의 그림을 그려보세요〉
〈원시 농경사회에서 재배했던 4가지 곡식을 찾아보세요〉
〈이 그림은 농경문 청동기의 일부 그림입니다. 그림에서 빠진 부분을 찾아 완성해주세요〉

아이들 나이에 맞춰 여러 종류로 만든 워크시트는 박물관 안, 구석기 신석기 시대 섹션으로 달려가 조금만 주의 깊게 찾아보면 쉽게 맞출 수 있는 내용들이다. 아이들이 스스로 찾아내서 워크시트지를 채워 오면 빙고!

'참 잘했다'는 칭찬 한 마디, 도장이나 스티커 한 장에도 아이들은 싱글벙글 즐거워한다. 재미나게 뛰어다니면서 뭔가를 찾아내고 해냈다는 기분! 그 순간 박물관이 아이들 가슴 안으로 훅~ 들어오지 않을까.

사실 박물관은 거대한 침묵의 공간이다. 어린아이들을 빈손으로 박물관 안에 등 떠밀어 들여보내는 일! 지금 우리가 이러고 있는 것이다. 이러니 아이들은 박물관에 가면 너나 할 것 없이 일방적으로 설명을 듣거나 억지로 베끼는 공부를 할 수밖에 없다. "공부하는 척" 해야 하는 것이다. 종이 한 장이면 이렇게 신나하는 것을!

2007년부터 원영씨에겐 박물관체험 교육 강사라는 타이틀이 하나 더 붙었다. 아이들의 박물관 체험놀이를 직접 주관할 뿐 아니라, 박물관 체험교육에 관심 있는 부모나 교사들을 교육하는 일도 이제 그녀의 몫이 됐다.

두 돌 무렵, 까만 눈망울을 빛내며 호기심에 가득 차 수학놀이를 하던 동이, 엄마와 신나게 놀던 동이는 어느새 초등 고학년이 됐다. 아이에게 세상은 점점 더 많은 의미와 해석을 요구하며 다가오고 있는 중이다. 동이엄마 이원영씨는 동이의 성장과정에 맞춰 레이더를 켰다. 포착된 대상들 중에서 자기가 잘할 수 있고 관심 있는 일에 더 많이 집중했다. 박물관 체험이 그 한 예다. 박물관 체험은 이제 동이가 좋아서 한 일인지 엄마가 좋아서 하는 일인지 우열을 가리기 힘든 일이 돼버렸을 정도다.

라라라 엄마, 이원영 이야기

“아이에 대한 책임은 회피하고 세상의 정의를 책임지려 했었죠.”

원영씨는 초보 엄마시절 자신의 모습을 이렇게 표현했다. 동이를 낳고도 한동안은 어떻게 애를 키워야 좋을지 몰라 쩔쩔맸다. 게다가 일도 하고 모임도 참석해야 하는데 아이를 맡길 데도 달리 없었다. 매일 동동거렸다. 자신의 문제와 세상의 문제, 아이 잘 키우는 문제가 온통 실타래처럼 엉켜 어지러웠다.

어느 날 시민단체를 통해 한 민주화 모임에 참석했을 때였다. 그날 동이를 안고 모임에 참석했지만 울고 보채는 동이 때문에 회의에 집중할 수가 없었다. 주변에 방해되는 기운이 역력해서 좌불안석 힘들었다. 의사진행 발언을 신청한 그녀는 아이 때문에 진행 맥락을 파악할 수 없으니 도와달라고 했다. 좋은 세상 만들자고 모인 사람들, 뭔가 지혜가 모여지길 기대했던 것이다. 그런데 돌아온 반응은 뜻밖에도 쌩했다. 안됐지만 당신이 알아서 해결해야 할 문제인 것 같다는 요지의 답변. 그날 그녀는 울면서 아이를 안고 회의장을 떠났다.

아이를 키우는 일은 21세기 한국 사회, 민주적인 곳이건 민주적이지 않은 곳이건, 여전히 ‘그 집안 지붕 아래서 해결해야 할 문제’로 남아 있었던 것이다.

이원영씨는 그 일을 계기로 '세상의 문제에 대한 고민'을 일단 내려놓았다. 아니 내려놓을 수밖에 달리 방법이 없었다. 품안에 안긴 아이는 그녀의 현실이었고 또 다른 실존이었기 때문이다.

그래, 아이 잘 키우는 일도 하면서 좋은 세상 만드는 일에 동참해보자. 그녀는 공동육아 어린이집에 아이를 보냈다. 아이를 돌보고 일하고 어린이집 고민을 부모들이 다 같이 해결하느라 사흘이 멀다 하고 회의를 하고 그 와중에 육아문제로 종종 남편과 싸우고 시댁 일에 불려가고 친정 일을 걱정하는 등, 하루하루가 전쟁처럼 느껴졌다. 이렇게 열심히 사는데도 힘든 이유를 알 수 없었다.(나도 그랬다.)

공동육아 어린이집 조합을 나와 품앗이 공동육아 모임을 시작했다. 품앗이 엄마, 아이들과 함께 수학놀이를 비롯한 놀이학습을 참 열심히 진행했다. 그런데 가만 보니 엄마들이 자신의 문제는 그대로 둔 채 아이들 잘 키우는 얘기만 열심히 하고 있다는 생각이 들었다.

그녀는 줄곧 생각했다. 나의 문제에서 내가 지금 도망치면 그 일이 내 아이에게서 되풀이 될지도 모른다. 괜찮은 엄마가 되려면 무엇보다 자신의 문제와 먼저 만나야 한다. 그래서 그녀는, 자신의 문제에서 도망치지 않는 어른들의 모임인 '공부하는 어른들'이란 이름의 모임을 직접 만들거나 혹은 참여했다. 그녀가 거쳐온 모임들은 구체적으로 다음과 같다.

- 공동육아 조합원 모임/품앗이 공동육아 모임
- 여성들의 삶 읽기(1999년부터 시작된 모임으로 여성학 공부와 자신을 되돌아보는 삶 읽기 공부를 함.)
- 공부하는 어른 모임 ('놀자아' 사이트의 온라인 모임)
- 공부하는 어른 모임 ('놀자아' 사이트의 노원구 오프라인 모임)
- 아름답게 자라는 엄마들(아자맘; 수락산 인근에서 살 때 동네 엄마 모임)

모임을 계속 하면서 '나의 문제'와 '사회의 문제'를 구별하기 시작했다. 하지만 '나의 성장'과 '아이의 성장'은 이가 맞물리듯 돌지 않고 계속 겉돌았다. 그 갈등은 '아름답게 자라는 엄마들' 모임에서 해결되었다.

일명 '아자맘' 모임엔 아이의 성장이 자신의 성장과 무관하지 않고 맞물려 있다고 믿는 수많은 엄마들이 모였다. 전업엄마, 프리랜서 엄마, 경제사정이 어려운 엄마, 넉넉한 엄마, 아이가 중학생인 엄마, 갓난아이 엄마…… 엄마들의 박람회라도 차릴 수 있을 만한 모임이었다. 이런 엄마들이 1주일에 한 번씩 꼬박꼬박 모여 거의 2년 동안 공부를 했다. 굉장한 일이었다. 2년 동안 그녀도, 엄마들도 서서히 변해가기 시작했다. 물론 처음부터 쉬웠던 것은 아니었다. 첫번째 어려움은 '놀이의 의미 알리기'였다.

그녀는 서울 근교 흙마당 집에서 하루 종일 6남매가 어울려 놀며 자랐다. 남매들은 못질도 하고 대패질도 하면서 총, 칼도 직접 만들어 놀았고 연극놀이도 했다. 그때 한바탕 잘 놀았던 경험, 뭐든지 뚝딱거리며 직접 만들어보았던 손체험 몸체험이 훗날 인생살이에서 얼마나 큰 힘이 되었는지 그녀는 너무도 잘 알고 있었다. 그녀는 항상 주장했다. 어릴 때 놀이경험이 평생 사는 힘이 된다!

하지만 지식정보 시대에서 '놀이'는 자꾸 폄하되곤 했다. 어른이든 아이든 많이 알고 열심히 배워야 하며 '놀이'는 뭔가 배우지 않는 공허한 시간이란 개념이 팽배하게 되었다. 이런 세상에서 살고 있는 엄마들, 그 엄마들의 틀을 깨는 일은 쉽지 않았다.

언어발달이 늦은 아이에게 하루 종일 영어방송을 틀어주는 것이 얼마나 해로운지 이야기를 해도, 다음날도 그 다음날도 영어방송은 멈추지 않았다. 학교 가기 전에 무슨 준비를 해야 할 것 같다며 조바심치는 엄마는, 그보다 더 중요한 것이 있다고 아무리 말을 해도 바뀌지 않았다.

엄마들은 도대체 왜 쉽사리 안 변하는 걸까? 두번째 어려움은 '도무지 변하지 않는 엄마들 태도'였다. 처음엔 남들의 잘못이 보였다. 그런데 어느 날 자기를 돌아보니 자기도 마찬가지였다.

원영씨는 어린이 교육 운동가 박문희 선생님이 주창하신 〈마주 이야기〉를 평소 좋아했다. 마주 이야기는 어른의 말은 가능한 줄이고 아이들 입에서 나오는 생생한 말을 들어주자는 '아이들 말 들어주기' 교육법이다. 〈마주 이야기〉 방식을 통해 아이들이 한 말을 기록해서 읽어보면 평소 어른들이 얼마나 자기 위주로 말하고 일방적으로 지시하는지 드러나곤 한다. 원영씨는 바로 그렇게 여러 어린이들이 말한 〈마주 이야기〉 기록지를 몇 번씩이나 읽고 반성하고 후회했다. 그런데 그때뿐, 아이에게 화내는 방법이 전혀 개선되지 않았다. 어? 도대체 우리가 왜 자꾸 이러는 거지?

'아자맘' 엄마들은 쉽게 바뀌지 않는 자신들을 발견하고는 그동안 열심히

읽던 교육관련 책을 내려놓고 '서로의 이야기'를 하기 시작했다.

어린 시절에 가장 행복했던 때는? 내가 결혼하지 않았다면 어떤 모습으로 살고 있을까? 내 인생에서 가장 힘들었을 때는? 자기 칭찬 10가지 써보기 등…….

엄마들은 양육서를 내려놓고 '자신의 성장'을 주제로 한 책을 들었다. 그런데 참 이상한 일이 생겼다. 내 삶의 문제를 진지하게 고민하는 어른으로 변화하면서, 점차 아이들과의 관계도 풀리기 시작한 것이다. 예를 들면 이런 일이다.

동이는 아침마다 예쁜 머리핀과 옷을 고르느라 오랜 시간을 들였다. 참아야지 참아야지 하면서도 어느새 입 밖으로 말이 튀어나갔다.

"야, 너는 지각하게 생겼는데 꼭 그렇게 마음에 드는 옷을 골라야 하니?"

그렇게 실랑이를 벌이곤 하던 어느 날, 한줄기 깨달음이 뒤통수를 쳤다. 어린 딸과 아침마다 꼭 충돌하는 이 심술궂은 엄마는 도대체 어디서 나오는 거냐구요오오~~? 그건 바로 어렸을 때 '못난이' 소리를 듣다 보니 마음이 위축돼서 예쁘게 꾸미는 걸 혐오하던, 바로 그녀 자신의 모습이었다. 이럴 수가. 아침마다 동이 앞에 서 있던 것은 교양 있는 엄마를 가장한 '심통쟁이, 꼬인 소녀'였던 것이다. 그녀는 기억 속에서 잠자던 그 어린아이를 불러냈다. 머리를 기르고 싶었지만 항상 머리를 자를 수밖에 없었던 아이, 엄마가 동생 머리를 길게 땋아주는 것을 매일 부러운 마음으로 지켜보던 아이. '나는 미워서 머리를 땋아도 예쁘지 않아'라고 지레 포기했던 그 아이에게 매일매일 머리를 땋아주고 예쁜 머리끈을 골라주어야겠다고 생각했다. 실제로 그렇게 하려고 노력했다.

이후 아침마다 벌어지던 작은 실랑이가 사라졌다. 엄마 원영씨는 오늘도 머리핀과 옷을 고르는 동이 옆에서 나지막하게 중얼거렸다. "이렇게 중요한 일을 하는데…… 뭐, 늦을 수도 있지."

엄마들 무의식 속에 잠재워둔 욕망은 자기도 모르게 꼬인 감정으로 나타나게 되죠. 이렇게 꼬인 감정이 어떤 식으로든 아이에게 전달되는데, 어디가 꼬였는지 찾기란 그리 쉽지 않아요.

이렇게 자기 문제부터 알고 나니 아이와의 관계가 풀리기 시작했다. 내가 정리되는 만큼 주변 사람들과의 관계도 정리되기 시작했다. 아이와 진심으로 해맑게 노는 엄마가 될 수 있었다. 라라라~ 그녀의 아이디처럼 그녀 마음도 절로 라라라가 되어갔다.

유아교육의 쌍두마차, 놀이와 배움

● 놀이학습, 체험학습이란 간판이 정말 많아졌다. 그런데 알맹이도 정말 그럴까 의심스럽기
　도 하다.

　연필과 종이 앞에 아이를 잡아두는 것보다는 그래도 낫다 싶다. 어쨌든 애들이 노는 것이 중요하다는 것을 알았으니까. 하지만 학습조차도 '놀이'란 말을 뒤에 붙이는 걸 보면 뭔가 좀 씁쓸하다. 성공사례나 학습방법보다 더 어려운 것이 놀이다. 아이들과 노는 것이 즐겁지 않은 부모는 아예 시작할 수도 없다.

● '놀이학습' 이란 말에서 방점을 찍어야 할 곳은 놀이다. 실컷 재미있게 놀아보니까 덤으로
　공부도 되더라는 얘기지 않나. 공부를 위한 놀이를 하자는 게 아니라.

　그렇지. 바로 그거다. 처음에 수학놀이를 가르쳐드리니까 엄마들이 이런 말을 많이 하셨다. '아이를 살살 달래가면서 겨우 했어요' 혹은 '……하다가 결국 화를 내고 말았습니다'

　세상에. 아이가 계획대로 안 놀았다고 화를 내다니!!! 놀이의 생명은 즐거움이다. 즐거움을 모르는 부모와 노는 것은 당연히 재미없을 수밖에.

● 언어학자 촘스키 박사와의 대담 프로그램에서 기획 작가로 일한 적이 있다. 그 양반이 한 말
　중에 가장 인상 깊었던 말은 '나는 초등학교 3학년 때 우주와 별이 궁금해서 천체물리학 책

사실 수학놀이 강의를 하면서 놀이를 따라하는 부모들에게 벽을 느끼곤 한다. 나는 엄마들에게 '엄마들 스스로 수학을 새롭게 알면 정말 재미있다. 이런 재미를 알게 되면 어떤 강사보다 좋은 선생님이 될 수 있다, 맞다 틀리다의 결과는 무시해도 좋으니 과정을 즐기라'고 말한다. 하지만 많은 엄마들은 '카드는 가로 세로 몇 센티미터로 만들어야 하나요?' '가게 놀이에서 누가 주인을 해야 하나요?' 자꾸 이런 것만 물어보신다. 어떻게 놀아도 상관없는데.

놀이를 할 때는 규격에 맞춰 하지 말고 이렇게도 해보고 저렇게도 해보시라. 우린 전문가가 아니기 때문에 아이들 반응을 보면서 여러 가지 시도를 할 수 있다는 것이 좋다. 실수를 두려워하지 말자. 종이상자를 펼쳐 전개도를 만드는 놀이에서 뚜껑을 잘라버렸을 때 실수를 부끄러워하는 대신 아이와 부모가 모두 즐겁게 웃을 수 있다면 성공한 셈이다. 아마도 아이는 전개도 부분에서 뚜껑만큼은 오래 기억할 것이다. 실수를 통해서도 배우는 것은 많다.

잘했다. 아무리 자식이 중요하다지만 회사 일이나 집안일에 지친 부모들이

기초가 튼튼해지는 놀이, 비교하기(만 2세 이상)

집에 있는 인형들 키재기 놀이

1. "다들 모여주세요. 자, 똑바로 서야만 키를 잴 수 있어요. 하마 토끼 고릴라, 누가 제일
   키가 클까요?"

2. (키가 작은 토끼를 의자나 물건 위에 살짝 올려놓고)

   "어? 토끼가 제일 크네?"

   "아니지, 똑같이 바닥에 서야지."

3. 차례차례 순서를 정해서 제일 큰 인형을 뽑는다. 아이까지 참여시켜서 키가 제일 큰 친구로
   아이를 지목해도 좋다.

   ※우리 가족 중에서 제일 키 큰 사람, 작은 사람은 누굴까? 가족끼리 등을 맞대고 서서
   키를 비교해보자. 벽에 등을 붙이고 서서 가족마다 키를 표시하고 옆에 이름은 써놓자.

넥타이, 허리띠, 스카프 키재기

1. 일부러 스카프를 구불구불하게 놓아본다.

2. 키 재기가 정확하려면 어떻게 해야 할까?

   "모두모두 쭉쭉 허리를 펴세요. 허리를 구부리면 길이가 짧아집니다."

3. 길이가 길다, 짧다는 말을 해본다.

   "어느 것이 제일 길까요? 어느 것이 제일 짧을까요?"

도형감각을 길러주는 놀이 I (만 5세 무렵)

오이 자르기

오이를 놓고 아이에게 말한다.

"오늘 오이김치 만들어보자. 마음대로 예쁘게 한 번 잘라봐."

(※아이들도 자기가 한 일이 쓸모 있게 쓰여지길 바란다)

1. 삐뚤빼뚤 신나게 자른다. 처음부터 네모 잘라봐, 원기둥 잘라봐, 하면 긴장한다.
   나 테스트 받는구나 하고 생각한다. 이러면 놀이는 끝장이다.

2. 한동안 자유롭게 놀다가 '어떻게 하면 잘라진 모양이 동그라미가 될까?' 해본다.

3. 2를 하다가 잘하게 되면 '어떻게 하면 긴 동그라미(타원형이라고 하지 말자)가 나올까?' 한다.

※6학년 수학에서 '원기둥을 비스듬히 잘랐을 때 어떤 모양이 나올까' 물으면 동그라미를 그리는 아이들이 적지 않다. 답이 타원형이라는 것을 모르는 아이들이 많다.

4. 3을 하다가 '네모가 나오려면 어떻게 하면 좋을까?' 물어본다.

도형감각을 길러주는 놀이 II(만 6,7세)

● 두부 자르기

1. 처음엔 네모 자르기를 한다.(쉽다. 처음엔 그걸 하자.)

2. '세모가 나오려면 어떻게 하면 좋을까' 묻는다. 온갖 궁리를 다 하면서 썰어보고 싶은 만큼 썰어보게 한다.

※두부를 한 모 이상 썰어야 할지도 모른다. 이렇게도 썰어보고 저렇게도 썰어보고.

그날 저녁엔 세모 모양, 네모 모양, 이런 저런 모양의 두부찌개를 먹자. 창의적인 두부찌개다.

도형감각을 길러주는 놀이 III(만 7,8세)

● 이쑤시개와 점토 놀이

칼라점토를 동글동글하게 아이 손톱만한 공처럼 만든다.
이쑤시개를 꽂아 보여준다.

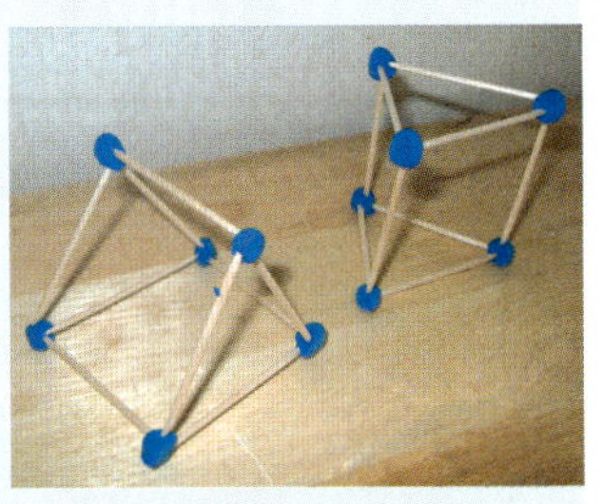

1. 위 시범을 보여주고, 아이에게 만들고 싶은 걸 만들어보라고 한다,

2. 아령도 만들고, 떡꼬치도 만들고, 사슴벌레도 만들어본다.

3. 잘했다, 멋지다, 칭찬해주고

4. 점토공을 이쑤시개 양쪽 끝에 꽂으면 선분 하나 완성! 다양한 선과 면을 아이와 함께 만들어낸다.

5. 4를 하다가 원시인들에게 집 만들어주기를 하자면서 '바닥이 네모인 집을 만들려면

이쑤시개가 몇 개가 필요할까?' 생각해보게 한다.(답을 못 맞춰도 상관없다. 만들고 나서
사용한 이쑤시개 개수를 아이와 직접 세어보자.)

6. 이런 식으로 '피라미드 만들어보자' '집 만들어보자' 등에 도전한다.

　선을 이용해 면을 만들어가는 과정을 직접 경험하게 한다.

7. 이런저런 모양을 만들면 부수지 말고 그 상태로 실에 매달아서 모빌로 달아주자.

　아이들은 자기 만든 것을 부수면 싫어한다. 부수지 말고 멋지게 달아주자.

※ 7,8세 공간 감각이 활발해질 때 이 놀이를 같이하면 흥미로워한다.

측정감각을 길러주는 놀이 (만5세 이상~초등 1, 2학년)

◎ 기상청 놀이

날씨에 대해 먼저 이야기 나눠본다.

'요새 비가 더 많이 나온 것 같아. 해가 더 많이 나온 것 같아?'

'오늘 날씨는 어때? 직접 헤아려볼까?'

이렇게 동기부여가 되어야 한다. 그래야 한 달을 이어갈 수 있다.

1. 책상 달력 하나 준비하기

2. 그날그날 날씨대로 스티커 붙여나가기

※아침에 비가 왔다가 점심에 맑았다가 오후에 구름 꼈다가

　저녁에 또 비 오면 어떡하나? 이럴 땐 아이와 함께

　'오전을 기준으로 하나, 오후를 기준으로 하나' 정해본다.

　아이와 대화할 거리를 자꾸 생각해보자.

3. 한 달 동안 매일같이 해당 날씨 스티커를 붙인다.

4. 비가 더? 해가 더? 알기 위해 따로 표를 만든다.

※아랫면은 해/ 비/ 갬/ 구름 이라고 쓴다. 왼쪽 윗면은 개수를 표시한다.

이 그래프에 해당 날짜를 헤아려서 스티커를 붙여본다.

5. 합이 30개인지 헤아려 보게 한다.

※7,8세 이전 유아는 한 달이 지루하거나 길게 느껴질 수 있다. 일주일, 열흘 정도로

　단위를 쪼개서 해보면 좋다.

아이의 교육까지 참여한다는 것은 쉬운 일이 아니다. 나 역시 수학놀이를 시작하면서 아무리 좋은 놀이라도 내가 힘들면 하지 말자는 원칙을 세웠다. 며칠 반짝 놀아주고 그만둘 바에는 시작하지 않는 것이 낫기 때문이다. 부모라는 이름으로 해야 할 일이 어디 한둘인가? 여기에 수학까지? 정말 못살아!

밤새워 놀잇감을 준비해야 하는 일들은 가급적 안 했다. 그러므로 내 책에 실린 놀이들은 별로 복잡하거나 준비물이 많지 않은 것들도 많다. 동이엄마도 했으면 나도 할 수 있다! 이렇게 생각해달라. 하지만 그럼에도 불구하고 부담스런 놀이가 있다면 과감하게 없다치고 넘어가시라.

● 컴퓨터 게임으로 만들어놓은 수학놀이는 어떨까.

게임으로 만들어놓은 수학놀이를 보면 참 재미있고 아이들에게 효율적으로 논리를 알려준다. 아이들이 재미있게 푹 빠져 노는 사이 수학적 개념이 쑥쑥 커나간다는 이 유혹을 어떻게 부모들이 떨칠 수 있을까. 엄마는 그 사이 쉴 수도 있는데. 하지만 어린 시절에 정말 필요한 수학적 경험은 눈과 귀를 통해 남이 하는 것을 구경하는 일방통행이 아니라 자신의 온몸으로 체험하는 것임을 잊지 말아야 한다. 주변을 돌아보자. 요리와 빨래, 볼펜 뚜껑과 계단, 저금통과 표지판 등이 모두 수학놀이를 위해 존재한다는 느낌이 생길 것이다.

만 2~3세 무렵이면 이런 얘기를 해줄 수 있다.

"옛날에 큰 곰이 걸어가다가 작은 개미를 밟을 뻔했어. 작은 개미가 작은 소리로 외쳤지. (아주 작은 소리로) 곰돌아, 나를 밟으면 안 돼. 하지만 큰 곰은 작은 소리가 들리지 않아서 큰 소리로 물었어. (큰 목소리로) 무슨 말인지 안 들려~"

이런 얘기도 재밌어한다.

"오른손 먼저 껴보자, 왼발 신고 오른발 신자, 오른쪽 팔 끼세요. 차에 탈 때 엄마는 왼쪽 자리에 앉고 동이는 오른쪽 자리에 앉아요. 차 오른쪽 창문에는 사과 그림이 있어요. 우리는 둘 다 오른손만 장갑을 꼈어요. 오른손끼리 악수하고 싶어하네요."

이런 말들을 노래 부르듯 자주 해주면 좋겠다. 오른쪽 왼쪽을 대여섯 살이 될 때까지 구분 못하는 아이도 많으니 정답 맞추기를 강요하지 말고 놀이처럼 일상적으로 자주 해보자.

그런 부모님이 많더라. 아이한테는 수학을 잘한 부모보다, 수학놀이를 잘 해주는 부모가 더 힘이 된다.

● 나도 사실 그렇게 흥이 많은 엄마는 아니다. 그런데 마흔 살이 다 된 나이에 아이를 둔 우리 부부는 아이를 데리고 동물원이나 어린이공원을 갈 때 이상하게도 마음이 설레였다. 여러 체험학습현장을 따라다니면서도 아이보다 고개를 먼저 디민 적도 많다. 사실 우리 어릴 때 못했던 경험 아닌가.

수학놀이를 좀 더 잘할 수 있는 요령

구체적인 언어를 사용하자

수학문제 풀 때 기본 개념이나 문맥을 이해 못해서 문제를 못 푸는 아이들이 많다. 아이가 어릴 때부터 구체적인 언어를 사용하자. 동이는 또래에 비해 어휘가 풍부한데 그것을 위해 엄마가 따로 시간을 내서 무엇을 한 적은 없다. 다만 일상에서 말을 할 때 정확하게 구체적으로 순서에 따라 말해주려고 노력했다. 이것이 별도의 언어놀이나 학습보다 더 효과적이다.

아이와 집안일을 함께 하자

집안일을 하다보면 무의식적으로 계획하고 분류하고 계산하고 측정하는 상당히 수학적인 일을 하게 된다. 따로 시간 내서 놀아줄 여유가 안 되는 부모들에겐 차라리 이편이 훨씬 수월하다. 아이에겐 집안놀이라고 말해준다. 빨래를 개고(대칭) 집어넣는 일(분류), 당근을 자르고 (입체도형의 회전과 대칭, 단면 관찰) 알맞은 그릇을 고르고 (유추와 공간감각) 시간을 재고 가스레인지의 불을 줄이는 일(강, 중, 약의 의미) 등의 구체적인 일에 대한 경험은 수학적인 경험을 풍부하게 해준다.

엉터리 노래도 즐겁게 불러보자

아이들에게 노래는 놀랄 만한 위력이 있다. 노래로 하면 모든 것이 놀이로 어거지고 반응도 좋다. 음정 박자를 무시한 '내 멋대로 노래'를 만들어보자. 주로 이해하기 힘든 개념이나 수가 들

그렇지. 그런 기분을 누려보라는 것이다. 아이적 마음으로 돌아가서 아이 기분이 돼서 신나게 같이 놀아보는 것이다. 어떤 아이는 박물관에서 뭐가 제일 기억에 남느냐고 하면 화장실이 좋았다고 대답한다. 어떤 아이는 그곳 휴게실에서 먹은 샌드위치를 떠올리기도 한다. 그 기억 하나도 소중하다. 최후

어간 내용을 마음대로 부르면 된다. 모든 노래에 아이가 좋아하는 사람과 동물을 집어넣으면 더 좋다.

"일 년은 사계절, 봄 여름 가을 겨울! 일주일은 7일, 월 화 수 목 금 토 일! 과자 3개를 누가 먹을까? 나 엄마 아빠 우리 셋이서! 과자 5개를 누가 먹을까? 내가 하나 먹었더니 4개 남았네!"

노래를 부르면 엄마와 아이가 서로 조급한 일 없이 마음도 느긋해진다. '우리는 지금 재미있게 놀고 있는 거야' 하는 기분이 나도록 분위기를 돋궈주기도 한다.

창의적인 부모가 되자

엄마 의도대로 하자는 생각보다 아이들의 흐름을 따라가겠다는 마음만 먹는다면 창의적인 부모가 되는 것이 생각보다 어렵지 않다. 대부분의 엄마들은 우리집 아이가 좋아하는 것이 무엇인지 훤히 꿰뚫고 있기 때문에 어느 누구도 해줄 수 없는 엄마표 놀이가 가능하다.

수학놀이는 또래집단과 함께

아이들이 모이게 되면 수학은 자연스럽게 놀이가 된다. 한 아이가 발견한 사실을 공유하고 한 아이의 질문을 모두 궁금해한다. 놀이의 변수도 많아지고, 신이 나면 어른들의 참여도 자연스럽게 줄어든다. 거창한 계획을 세우지 않더라도 일주일에 한 번씩 꾸준히 놀 수 있는 친구를 찾을 수 있다면 부모의 부담은 반으로 줄어들고 자기 아이에게 생기는 욕심이나 무리수가 저절로 없어질 것이다.

—『수학아 놀자』 중에서

에 남은 단 한 개의 기억이 아이를 다시 박물관으로 불러오게 만든다. 부모가 마음을 열면 이게 용납된다. '공부시켜야지' 생각하지 말고 '재미있게 즐겨야지' 하자! 그래야 인지놀이도 잘 된다.

● **박물관 체험에선 연령별로 장소를 구분할 필요가 있는가.**

사실 어떤 박물관은 몇 세 이상이 가고…… 식으로 구분하는 건 무의미하다. 동일한 박물관이라고 해도 워크시트를 연령별로 구분하면 누구든 즐길 수 있다. 대략 7세 정도면 박물관 체험을 시작해도 무방하다. 그 이전엔 흥미

박물관 체험 이렇게 해 보세요

● **A 코스 재미있고 쉬운 곳**
: 경찰박물관 / 국립서울과학관 / 국립민속박물관 1관 /
농업박물관 2층 / 암사동 선사유적지

● **B 코스 박물관 개념을 눈치채는 코스**
: 고려대학교 박물관 1관 / 서대문 자연사 2층 /
몽촌토성 역사관 / 농업박물관 1층 / 화폐박물관

● **C 코스 심화 코스**
: 전쟁기념관 / 서대문 자연사 3층 / 국립민속박물관 2관 /
서울역사박물관 / 국악박물관

● **D 코스 심화 코스**
: 전기박물관 / 고려대학교 박물관 2관 / 고궁박물관 / 이대 자연사박물관 / 중앙박물관

－〈놀자아 박물관 놀이교육연구소〉 체험코스 참고

로운 장소 정도로만 방문하자. 수업 형태로 가지 말고. 박물관에서 아이가 우연찮게 꺼내는 엉뚱한 이야기도 잘 들어주자! 박물관을 돌아보고 나올 때 '가장 흥미있는 것, 기억에 남는 것 한 가지' 정도만 물어보자. 딱 한 가지만!

● **엄마들 공부모임 이야기가 인상적이다. 나도 엄마들에게 평소 '서로 모여서 공부하세요' 소리를 많이 하는 편이다. 지금 어딘가에 모여서 공부모임 하는 엄마들께 조언해달라.**

모임과 공부를 하면서 엄마들은 누구나 문제가 있다는 사실을 알게 된다. 삶이란 문제의 연속이며 삶의 승패는 그 문제들을 얼마나 지혜롭게 해결하느냐에 달려 있다. 아이를 잘 키우고 싶을수록 자신의 문제에 직면하는 노력을 해야 할 것이다. 모였을 때는 아이들 얘기보다 엄마 자신의 이야기를 하는 것이 큰 도움이 된다. 하지만 위험도 있다. 전문가 없이 문제투성이 엄마들끼리 만나서 어울리다 보면 관계가 위험해질 수도 있다. 이 점도 알고 시작하셨으면 좋겠다.

# 아이가 똑똑해진다 그리고 행복해진다!

인지학습전략가인 최정금 선생님이 어느 날 방송 프로그램을 준비하는 중에 이 표를 들고 오셨다. 인지학습이론에서 꽤 유명한 〈기억력 피라미드〉, 일명 〈학습 피라미드〉 표라고 한다.

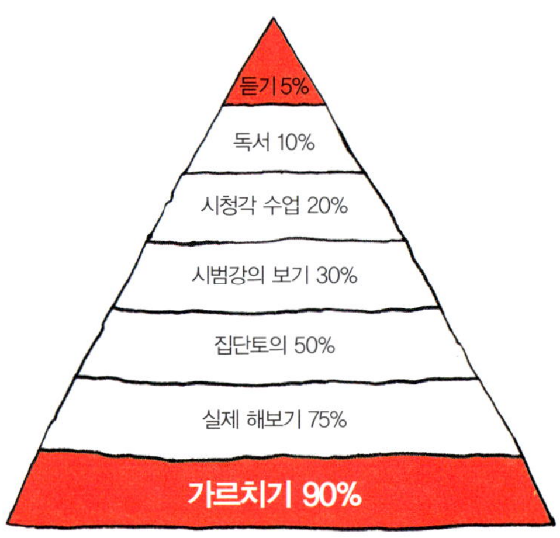

인지 이론학자들에 따르면 강의를 듣기만 할 때는 학습 효율이 5%에 불과하지만, 시청각 수업을 하면 효과가 20%, 시범강의를 보면 30%, 집단 토의를 하게 되면 그 효율이 50%까지 올라간다. 이 표를 보고 나니 요즘 학교 수업이 왜 점차 시청각 교육과 모듬 형태로 꾸려지고 있는지 알 것 같았다.

학습 효율은, 아이가 실제 무언가를 직접 해봤을 때 75%까지 올라가고, 남들에게 자신이 아는 것을 발표할 때 90%까지 올라간다. 체험학습, 발표 형식의 경험이 지식을 '내 것으로 만드는 확실한 방법'이라는 얘기다. 원영씨가 제안하는 수학놀이나 박물관 체험이 살아 있는 지식을 만들어준다는 것을 난 이 표를 보고 다시 한 번 확신했다.

원영씨는 수학을, 나아가 모든 지식을, 살아 있는 지식으로 받아들이게 해주고 싶다면 아이를 우선 재미있게 놀려주라고 강조한다.

재미의 정확한 뜻은 무엇일까? 사실 재미있기로 말하자면 컴퓨터 게임만큼 재미있는 일이 어디 있을까. 하지만 우린 컴퓨터 게임을 '놀이'라고 말하지 않는다. 그런 게임들은 자칫하면 중독을 초래할 뿐이다.

그보다는 어릴 때부터 나비를 좇든 개미를 들여다보든 빨래를 개키든 물을 컵에 따라 보든 일상 활동을 하는 중에, 아이 입에서 '나도 할래' '나도 볼래' 소리가 나오게 하는 것. 그 일을 하면서 관찰하고, 순서대로 놔보고, 생각을 행동으로 옮기게 하는 것. 이 과정에서 칭찬해주고 기뻐해주고 놀라거나 감탄하거나 안타까워해주는 것. 이런 것들을 많이 하자. 부모가 이렇게 잘 놀아준 아이들은 잘 자란다. 세상 모든 일에서 호기심을 잃지 않고 궁리를 잘하게 된다. 이런 아이가 공부도 잘한다.

내가 만져보고 싶은 것을 내 손으로 직접 만져보니…… 즐겁다.

옆에서 엄마가 내 행동에 공감해주고 칭찬해주니…… 행복하다.

더욱 몰입해서 하다보니…… 이전보다 더 잘할 수 있게 된다.

아이는 이렇게 놀면서, 차츰차츰 똑똑해진다는 사실을 꼭 기억하자. 그리고 더 중요한 것, 행복해진다!

1. 엄마 자신의 문제에서 도망가지 않았다.

나는 주변과 갈등이 생기면 대충 봉합하거나 억지로 이해하는 쪽을 택한다. 처음엔 좀 힘들지만 시간이 지날수록 '그래 그런 거지 뭐, 사는 게 뭐 별거야' 식으로 해석되곤 한다. 그래야 내 맘이 편해진다. 하지만 가끔은 부작용도 남는다. 억울함이란 앙금. 나는 평화주의자인가? 그런 것 같다. 하지만 단서가 붙는다. "어설픈" 평화주의자! 참다 참다 끝내 억울하면 '안 해, 엎어' 생떼도 부리는, 위장된 평화주의다. 결국 난 쉽게 잘 변하지 않는다. 문제는 문제로 늘 남는다.

반면에 원영씨는 갈등이 생기면 뾰족한 모서리까지 기어 올라간다. 끝을 보고 싶어한다. 그녀는 문제의 핵심에서 절대로 도망가지 않는다. 동이 1학년 때 학급에서 반비를 걷는 문제에 정면으로 도전했다가 왕따가 되었다는 원영씨! 그녀는 '공동체의 덕'에 도전하는 위험한 사람인가? 때론 그래 보인다. 하지만 그녀는 용감하다. 깨지고 부서지면서 도전한다. 공동체의 덕을 거론하는 사람에겐 그게 왜 덕인지 증명해 보이라고 당당히 요구할 줄 안다. 얼렁뚱땅 내민 답에는 절대 수긍하지 않는다. 그녀는 역동적이고 변화 무쌍하다. 문제가 생기면 해답이 나올 때까지 씩씩하게 걸어간다.

누가 더 낫다고는 할 수 없을 것이다. 나는 내 삶과 내 아이에게 안정을 주고, 그녀는 자기 삶과 자기 아이에게 '도전과 변화'를 준다. 우리는 서로 다를 뿐이다. 그런데, 왜 난 자꾸 그녀의 삶이 부러울까.

2. 손과 몸을 쓰는 구체적인 경험을 했다.

원영씨는 어릴 때부터 뭐든 만들어본 경험이 풍부하다. 그녀의 수학적 사고는 바로 그러한 구체적인 삶의 경험에서 나온 것 같다. 동이는 그런 엄마를 많이 닮았다. 엄마로부터 물려받은 타고난 기질이면서 동시에 경험주의자인 엄마하고 살아본 경험(환경) 덕분이기도 하다.

세상 엄마들이여, 자녀가 수학을 잘하게 하고 싶으면 당장 연필과 종이를 치우시길. 손으로 꼬물락거리면서 뭐든 만지고 오리고 붙여보는 경험을 주시라. 구체적인 조작력이 수학적 사고로 이어진다. 몸을 부지런히 움직여 몸으로 익히는 방향감각도 필요하다.

진단 및 재능계발 분야의 전문가인 크리스토프 페를레트 박사는 말한다. 아이의 수학적 사고 중에서 공간적 사고는 다른 재능에 비해 비교적 늦게 발달해서 초등 고학년쯤 되어야 가능하다고. 취학 전 아이들이 지붕 위 굴뚝을 수직으로 못 그리고 비스듬히 그리는 것도 바로 그런 이유 때문이란다. 하지만 이 재능을 촉진하는 활동이 있다. 바로 블록놀이와 같은 3차원 장난감 갖고 놀기다. 공놀이도 공간감각에 좋고, 여름에 삽과 플라스틱 물통을 들고 모래에서 노는 것도 훌륭하다고 그는 말한다. 숲이나 야외에서 나뭇가지를 갖고 노는 것도 좋다. 아이들의 수 개념 형성을 위해서는 노랫말 지어 부르기도 좋은 활동이다. 페를레트 박사는 노래를 부르면서 숫자놀이를 신체놀이와 결합시키면 운동신경과 집중력을 기르는 데 큰 도움이 된다고 말한다.

'한 꼬마 두 꼬마 세 꼬마 인디언……' 같은 숫자놀이 노래 말이다. 원영씨가 동이와 죄다 했던 것들이다.

🍩 원영쌤의 메시지

1. 수학의 기초는 '수학책'을 공부한다고 되는 것이 아니에요.

무엇을 공부하든 수학적으로 공부할 때 수학의 기초가 생깁니다.

2. 연산을 잘한다고 수학을 잘하진 않습니다.

연산은 수학의 기초가 될 수 있지만 한편으론 단순노동이 될 수도 있습니다. 연산을 너무 많이 해서 수학이 지루하다고 생각하는 아이들은 수학을 잘할 확률이 낮아집니다.

3. 학년이 올라갈수록 수학성적과 독서의 관계가 깊어집니다.

책을 많이 읽은 아이, 일상에서 남의 말을 알아듣고 자기생각을 잘 표현하는 아이가 수학도 잘하게 됩니다.

4. 일상에서 '서수'가 들어간 말을 자주 사용해보세요.

"양말은 위에서 첫째 서랍에 있어."
"앞에서 둘째 자리에 앉자."
"왼쪽에서 세번째 동화책을 꺼내오세요."
"1층에서 위로 3층 올라가면 몇 층일까?"

5. 박물관에서는 워크시트를 활용하세요.

종이 한 장으로 박물관은 아이에게 죽은 공간이 아닌 살아있는 공간이 됩니다.

우리말을 잘해야 영어도 잘한다

우리 아이는 일단 듣고 말할 줄 아는 영어를
해야 한다고 생각했어요. 그래서 우리말 배우는 것과 똑같이
듣기 말하기 읽기 쓰기를 하는 엄마표 연수방법을 하게 했죠.
그랬더니 잘해요. 학원 안 가도, 엄마가 영어 한마디 못해도,
아이 때부터 원어민교육 안 시켜도,
조기유학 해외연수 기러기아빠 아니어도
영어…… 됩니다!

영어는 내 친구

초등학교 4학년(2009년 현재 승현이는 5학년이다. 승현이네 인터뷰는 2008년 여름에 시작되었고, 영어실력은 나날이 늘어가는 것이라 인터뷰 시점의 학년을 특별히 명시한다.) 승현이는 영어공부 때문에 살맛이 난다. 친구들도 영어에 관해 궁금한 건 승현이한테 물어본다. 친구들은 영어 단어 스펠링이 오락가락할 때, '영어선생님이 이거라고 했어' '아냐, 승현이가 이거라고 했어' 입씨름을 벌이는 경우도 종종 벌어진다. 물론 둘 중 하나가 선생님이나 승현이가 알려준 단어를 잘못 기억하고 있는 경우겠지만.

승현이네 학교에선 단원이 끝날 때마다 모둠별로 영어대본을 써서 롤 플레이 회화수업을 한다. 어느 날 과제를 깜박 잊고 있던 승현이는 옆줄의 친구 대본을 보고 그제야 숙제생각이 났다. 아이는 그 자리에서 붓을 들고 일필휘지로, 아니지 펜을 들고 영어대본을 순식간에 써제껴, 같은 조 친구들에게 나누어주었다. 사실 이날만의 일이 아니다. 학교에서 영어수업이 시작된 3학년 이후, 영어대본 만들기는 늘 승현이 몫이었다. 영어에 관해서라면 애들 말로 '짱 먹고 있다'는 승현이.

Cinderella

배역: 신데렐라1 (수연) 신데렐라2 (승현) 왕자 (선호) 요정 (지호) 시계 (전얼) 마부 (범수)

신데렐라1   oh··· I want to go to the party.

help me please.

요정   hello cinderella? I want to help you.

abrakadabra (아브라카다브라)

(신데렐라1 은 뒤로 가고 신데렐라2가 등장한다)

신데렐라2   oh! It's so pretty~

마부   are you ready?

신데렐라2   for what?

마부   to dance.

신데렐라2   hooray! hooray!

(파티 장소로 간다)

신데렐라2   (왕자를 보면서 속삭인다) wow, his pretty handsome.

I wish I could dance with him.

왕자   hello? you're not an ordinary person. are you?

신데렐라2   yes I am. my name is cinderella.

(춤을 춘다)

시계   dang~ dang~

신데렐라2   what time is it?

시계   It's twelve o'clock.

신데렐라2   oh, no! bye~

왕자   w,wait! (웨, 웨이트!) come back!

요정   hello, cinderella? how about the dance?

신데렐라2   It's great. I meet prince at there.

요정   oh, is that fun?

신데렐라2   of course It's fun.

요정   than have fun forever and ever.

신데렐라2   really? thank you~

모두   (한 줄로 서서) and they happily ever after.

(끝)

초등학교 3학년, 미국에 사는 큰엄마 집에 놀러 갔을 때였다. 승현이는 제가 하고 싶은 말, 듣고 싶은 말은 다 하고 들었다. 길에서 만난 현지 경찰에게 사진을 같이 찍고 싶다고 말을 걸기도 하고, 놀이터에서 만난 미국 할머니하고도 제법 긴 대화를 나누며 우정을 나누었다고 한다.

읽기, 쓰기 실력은 어떨까? 승현이에게 영어책은 누워서 술술 읽히는 책과 조금 집중해서 읽어야 할 책, 두 종류가 있다. 한 쪽당 글과 그림이 느슨하게 배열되어 있는 그림책은 누워서 떡먹기처럼 척척 읽어내고, 어려운 단어가 많아서 문맥의 앞뒤를 새겨 읽어야 할 주니어용 영어 소설책은 약간 집중해서 봐야 한다고 한다.

먼저 그림이 많고 영어문장이 서너 줄씩 들어 있는 책 *little critter* 중 'I just forgot'.

I didn't forget to feed the goldfish.

He just didn't look hungry. I'll do it now, Mom.

I got ready for school.

I even got to the school bus on time.

But I forgot my lunch box.

승현이가 낭랑한 목소리로 위 문장을 읽더니 망설임 없이 해석을 한다.

난 금붕어에게 먹이 주는 걸 잊어버리지 않았어.

걔가 배고파 보이지 않았단 말이야. 나 지금 하고 있어, 엄마.

난 학교 갈 준비가 됐어.

스쿨버스 시간까지 맞췄어.

하지만 내 점심 도시락을 깜빡 잊어버렸어.

승현이는 "~even got to the school"과 "~got to the school"의 차이도 정확하게 알고 있었다. 따로 문법을 공부한 적이 없다는데도 말이다.

이번에는 약간의 집중이 필요하다는 책을 해석해보기로 했다. *Magic tree house*의 15권 3쪽이다. 이 책은 좀 자신 없단다. 그래도 해보겠단다.

Jack opened his eyes.

잭은 눈을 떴다.

A thin gray light came through his window.

얇은 회색빛이 그의 창문으로 들어오고 있었다.

His clock read 5a.m. All was quiet.

그의 시계는 새벽 5시를 가리키고 있었고, 사방이 모두 조용했다.

Today, we're going to ancient Ireland, he thought, back more than a thousand years.

오늘, 우리는 고대 섬으로 가기로 했지. 그는 생각했다. 천 년 전보다 더 오래된.

Morgan le Fay had told him that it was a very dangerous time, with vikings raiding the coasts.

모건 할머니는 그에게 바이킹이 골목골목 누비고 다니던 무척 위험했던 시대라고 말했다,

"You awake?" came a whisper.

Hi! I'm eric.
Nice to meet you.
I'm not Good at study
but I will Good at study
because, I Like

"일어났어?" 속삭임이 들려왔다.

Annie stood in his door way.

애니가 문턱에 서 있었다.

딩동댕! 아이의 번역은 정확했다. 사실 영어 문장의 의미를 알아도 우리말로 곧바로 번역해 들려주긴 어렵다. 그건 영어도 잘하고 한국말도 잘해야 가능한 일이다. 영어 직독직해 솜씨가 이 정도라면 승현이가 영어도 잘하지만 우리말도 아주 잘한다는 얘기다.

쓰기 실력? 영어회화 대본을 그 자리에서 써제낀 솜씨라지 않나! 게다가 승현이는 시간 날 때마다 큰 전지를 펴놓고 영어만화 대본을 쓰곤 한다.

영어로 창작만화대본을 쓰는 일이 취미라는 승현이. 도대체 이 아이가 해외연수, 조기유학, 일명 영어유치원이나 영어학원 경험 하나 없이 초등학교 입학 무렵부터 집에서 혼자 본격적으로 영어공부 한 아이 맞나? 더 놀라운 건, 얘 혼자만 이런 게 아니라, 같은 방법으로 공부한 선배, 후배, 친구들이 전국에 수백 명쯤 된다는 것이다. 어떻게 이런 일이 가능할 수 있을까?

영어교육의 신화를 깨다

2007년 여름, 나는 승현이를 처음 만났다. 승현이는 EBS 〈60분 부모〉 여름방학 특집, '솔빛네 엄마표 영어연수'(사교육은 받지 않고 집에서 자기가 좋아하는 영어비디오, 오디오 테이프를 꾸준히 들으면서 듣기, 말하기, 읽기, 쓰기 순으로 영어를 익히는 연수방법) 사례자였다. 승현이 혼자서만 그 일이 가능했다면 아마 방송 사례자로 삼지 않았을 것이다. 천재소년 송유근의 공부법을 전국의 평범한 아이들에게 해보라 할 순 없지 않은가! 그런데 엄마표 영어연수 사례자는 승현이 말고도 많았다. 특출한 한 아이의 경험담이 아니라, 다수에게 통하는 보편적인 영어연수법이라면 이야기해볼 만하다고 생각했다. 그래서 만난 6명의 사례자 가운데 한 명이었던 승현이.

무엇보다 영어에 대한 자신감이 넘쳤다. 영어에 대해 이런저런 이야기를 주고받는데 아이의 눈빛에 '아 재밌어' 하는 흥미와 재미가 펄떡거리며 살아 있었다. '잘하는 것'도 중요하지만 '재밌어하는 것'이 무엇보다 인상적이었다.

승현이는 초등학교 입학하던 해 1월부터 엄마표 영어연수를 시작해서 3년 정도 꾸준히 했다. 교재는 승현이가 좋아하는 비디오, 오디오테이프. 알파벳이나 파닉스가 아니라 듣기, 말하기부터 익혔다. 전혀 못 알아듣는 비디오테이프와 오디오테이프를 지속적으로 보고 들으면서, 차츰 영어회화를 배웠다는 것이다. 영어교육을 시작할 때 대다수 부모들이 시도하는 '알파벳부터 ~~' 방식과 달랐다.

「영어교육, 신화와 진실」(정병호, 박소진)에 따르면 대한민국 영어교육에는 세 가지 신화가 있다고 한다. 일찍 할수록 좋고 유리하다. 비쌀수록 좋다. 그리고 점수가 높으면 잘한다는 것이다.

하지만 승현이는 조기교육계에서 거의 환갑수준이라고 할 8세부터 본격적으로 영어공부를 했다. 게다가 많은 돈이 들지 않았다. 책과 비디오, 오디오 교재 값이 거의 전부였다. 싼 교육이었다. 그래도 영어가 됐다. 아주 잘~. 또한 승현이는 문법을 제대로 공부한 적이 없다. 시험이나 레벨 테스트를 받아본 적도 없다. 그냥 혼자서 좋아하는 영화 비디오를 보면서 무럭무럭 영어실력을 키우고 있다. 재미있고 즐기는 영어 익히기를 하고 있는 것이다.

그런데도 영어교육에 관한 세 가지 신화는 한국의 부모들 안에 맹렬한 믿음으로 똬리를 틀고 있다. 게다가 날이 갈수록 힘이 세져서 결국에는 다음과 같은 잘못된 신념에 이르게 한다. 영어를 잘하기 위해서는 해외연수, 조기유학, 사교육(학원, 학습지, 그룹 지도 등)을 해야 한다, 그것도 일찍 시작할수록 좋다!

하지만 승현이네는 달랐다.

🐱 사교육 NO!

"사교육은 절대 강요하지 않을 거야."

승현이를 키우면서 정신씨가 일찍부터 다짐한 것이다. 장정신씨는 교육운동가가 아니다. 그냥 평범한 엄마다. 하지만 아이의 영어교육에 대해 일찍부터 원칙과 소신을 갖고 있었으니, 바로 '아이를 학원에 보내 억지로 영어를 배우게 하지 않는다'였다. 이유는 간단하다. '억지로 하라니까 오히려 안 하는 걸' 알았기 때문이다.

유아시절 승현이의 음감이 좋아 보여 너도나도 다 하는 피아노를 시작하게 했다. 그랬더니 피아노에 꽤 흥미를 보이던 승현이가 죽어라 피아노 치기를 싫어했다. 선생님이 싫은가? 교습법이 안 맞나? 이것저것 따져봐도 뚜렷한 원인이 없었다. 좋고 싫은 표현이 분명한 승현이는 성격상 억지로 시키는 것이 오히려 역효과였던 것이다. 평양감사도 저 싫으면 그만이라는 말을 쪼그만 딸아이의 완강한 몸짓에서 읽었다. 그래서 과감히 그만두었다.

또 하나는 '학원 다니는 아이들의 얼굴이 어떤지 보고 또 봤기 때문'이다. 남편이 직장을 옮기고 싶어하기에 약간 불안해진 정신씨는 장차 먹고 살 대안을 궁리했다. 그리곤 뛰어든 것이 레고방 운영사업. 물론 그 사업은 절대로 대안이 될 수 없겠다는 교훈을 남기고 2년 만에 막을 내렸지만 정신씨의 뇌리에는 한 가지 잊을 수 없는 장면이 남아있다. 레고방을 드나드는 아이들 가운데 과중한 학원순례를 하는 아이들의 표정이 딱 '죽지 못해 사는' 표정이었던 것.

‘나도 그랬지. 학원 가서 공부한다 해놓고 언제 한 번 열심히 들이판 적 있었나. 가방만 왔다갔다 했지.’ 그 순간 정신씨의 가슴속에 강렬한 각오가 섬광처럼 아로새겨졌다. 바로 ‘내 아이만큼은 억지로 학원 보내 얼굴 가득 불행의 그림자를 달고 다니게 하지 말자’는 것이었다.

착각이었을까? 순간 그녀의 얼굴에서 거룩한 빛이 흐르는 듯했다. ‘세상에, 문만 열면 사방에 지뢰밭처럼 학원이 깔린 도시에서, 눈 감고 귀 막고 아이가 스스로 공부할 때를 기다려주고 독려했다니 정말 도를 깨친 엄마 아닌가.’

그런데! 자신을 너무 훌륭하게 보는 내 시선에 당황한 것일까? 그녀는 머쓱해하며 “아, 그 정도로 제가 멋진 엄마는 아니었네요.” 한다. 학원이나 학습지 공부에 매달리게 안 했다 뿐이지 자기도 일찍부터 이것저것 아이에게 시도는 해봤다는 것이다. 엉?

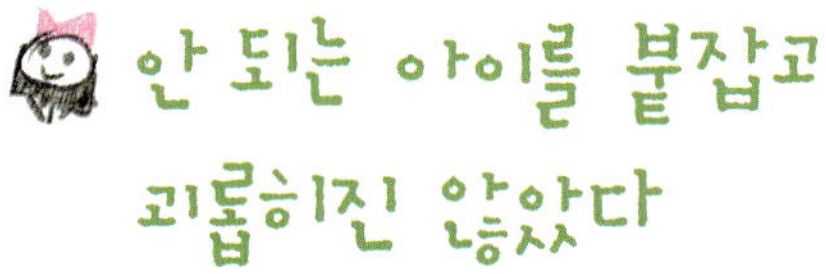

승현이가 태어난 직후, 정신씨는 영어조기교육계에 널리 알려진 S씨의 '맘스 잉글리쉬'를 알게 되었다. 대학도 나왔고 영어공부를 10년 이상 했는데 조금만 노력하면 '그 까이 것' 얼마든지 될 것 같았다. 엘리베이터 탈 때 '푸쉬 더 버튼', 차에서 타고 내릴 때 '겟 온/겟 오프'…… 정도 했는데 딱 거기까지였다. 그 이상은 생각도 잘 안 나고 그나마 밖에서는 남들 볼 때 '발음 후지다'고 할까봐 입도 벙긋 못하는 식이었다. S씨는 영어를 잘하고 좋아하는 엄마였지만 자신은 그렇지 않은 엄마였던 것이다.

'나는 끝내 영어가 안 되는 엄마인가 봐~' '결국은 엄마 영어실력이 대물림되고 세습되는 건가?' '아, 이럴 줄 알았으면 학교 다닐 때 영어공부 좀 열심히 해둘 걸' 괜한 자책만 들었다. 여기까지면 다행이게, 이웃집 아이가 승현이 다니는 어린이집 원비의 3배나 되는 돈을 치르고 원어민 어린이집을 다닐 땐, 생전 처음으로 남편의 경제력을 원망해보기도 했단다. (지금 생각하면 너무 어이없는 일이어서 웃음만 나온다고 한다.)

그 다음에 시도한 일은 '영어서점 데리고 다니기'였다. 영어동화책 사이에 앉아 있으면 왠지 마음이 뿌듯했다. 서점에서 품앗이 영어교육팀을 짜주기도 했다. 그런데 그것도 알고 보니 엄마가 부지런하지 않으면 못할 일이었다.

'아무리 좋은 방법이라 해도 엄마가 이렇게 힘들면 안 하느니만 못하지' 싶어 접었다. 나는 정말 게으른 엄마인가봐~ 또 자책 한 판.

이도저도 안 되니 '그냥 우리끼리 비디오나 재미있게 보자' 하고 승현이에게 재미있는 영어학습 비디오를 대여섯 개 사주었다. 호기심에 잠깐 영어비디오를 보던 승현이가 우리말이 점점 늘면서 '재미없어, 안 볼래' 하더란다. 실망스러웠다.

'그래 관두자' 그녀는 과감하게 영어 자체를 접었다. 대신 우리말 책을 더 열심히 읽어주었다. 승현이는 마치 '그래, 내가 원하는 게 바로 이거야' 싶었던 것처럼 우리말 책 속으로 깊이 빠져들어갔다. 장에 갈 때도, 친구나 친척 집에 갈 때도 책을 놓고 가면 허전해했다. 그 모습이 기쁘면서도 한편으론 영어를 손놓고 있는 것이 못내 씁쓸했다.

영어는 어릴 때부터 접해주는 게 좋다고 말은 많은데 실제로는 너무 힘들구나, 안 되는구나, 모두들 정말 나빴어, 왜 누구나 될 것처럼 말하는 거야. 이런저런 영어조기교육들이 잔뜩 폼만 잡다가 '허무한 시도'로 끝나고 말았던 그해, 승현이 나이 다섯 살이었다.

유아시절의 영어공부는 그럼 모두 꽝인가? 승현이의 유아 영어교육에서 유일하게 효험을 봤던 작업이 하나 있기는 있었다. 일곱 살이 되자, 승현 엄마는 레고방에서 온종일 엄마 옆을 겉도는 아이가 안쓰러웠다. 하루 20분만이라도 엄마가 승현이에게 온전히 몰입하는 시간을 갖고 싶었다. 가게 문을 닫고 집에 돌아와서 모녀는 침대에 엎드려 '런투리드'라는 교재를 재미나게 들여다보고 또 보았다. 조기영어교육을 과감하게 접은 지 2년이 흐른 후였다. (하지만 엄마표 영어연수를 하는 또 다른 아이는 '런투리드'가 지겨웠다고 한다. 아이마다 취향이 달라 도움 되는 교재도 다르다. 또 엄마와 재미있게 놀듯이 공부했는가 아닌가도 중요한 변수로 보인다.)

늘 그랬지만 이번에도 아이의 흥미를 살피면서 싫어하면 과감히 그만두려고 했다. 그런데 웬걸, 승현이가 열의를 보이면서 열심히 하는 게 아닌가. 모녀는 그렇게 놀면서 공부하면서 6개월에 걸쳐 교재를 한 번 쭉 봤다. 그러고 나니 더 이상은 정말 뭘 해야 할지 알 수 없었다. 그런데 아이는 혼자 그 교재를 반복해서 재미나게 또 보더란다. 5~6세 때 섣부른 영어 조기교육 대신 우리말 책을 많이 열중해서 본 것이 나중에 보니 큰 힘이었다. 승현이는 그 사이 책벌레가 되어 읽는 행위에 기쁨을 느끼는 아이가 되어 있었으며, 훗날 모르는 영어비디오를 볼 때도 스토리를 유추해서 이해하는 능력을 잘 발휘할 수 있게 되었던 것이다.

많고 많은 영어연수 중에서
내가 만난 그것

사교육에 의존하지 않고 집에서 영어를 가르치는 부모. 이런 부모들이 의외로 주변에 여럿 있다. 승현네도 초등학교 입학을 앞둔 겨울, 집에서 엄마가 영어연수를 도와주는 세 가지 방법을 알게 됐다. 〈J네 영어연수법〉, 〈W엄마의 초등1학년 영어연수법〉 그리고 〈솔빛네 엄마표 영어연수법〉이었다. 세 가지 방법을 놓고 꼼꼼하게 비교 분석해보았다. 전체적으로 방법이 비슷해 보였지만 자세히 살펴보니 다른 점이 있었다.

〈J네 영어연수법〉은 인터넷을 통해 승현이 두 돌 때부터 알았는데 초등에 유익한 정보구나 싶어 기억만 해두고 놔뒀어요. 6세 때 다시 들어가보니 사이트가 유료화되어 있고 성공사례만 보게 되어 있더라구요. 다이어트 프로그램 광고 보면 '15킬로그램 뺐어요'처럼 그걸 보면 눈이 번쩍 뜨이는 사례들만 읽어볼 수 있게 되어 있었어요. 어떤 엄마는 그런 성공사례를 보면 '당신도 됩니다!'라고 용기를 얻는다는데 전 '정말 모두 다 성공했을까?' 싶기도 하고, 연회비가 십만 원대인데 그걸 한 번에 내게 하는 시스템도 부담스럽고…… 그래서 가입은 안 하고 일단 그냥 두었죠.

〈J네 영어연수법〉과 〈솔빛네 엄마표 영어연수법〉은 얼핏 보기엔 비슷해 보였다. 그러나 자세히 보니 차이가 있었다. 〈J네 영어연수법〉은 듣기-말하기-읽기-쓰기 네 가지를 골고루 시도하는 방법이었고 〈솔빛네 엄마표 영어연수법〉은 듣기에 우선 집중하다가 차츰 말하기-읽기-쓰기 순으로 발전해 나가는 방법이었다.

정신씨는 〈솔빛네 엄마표 영어연수법〉에 더 마음이 갔다. 솔빛엄마는 갓난 아이들이 한국어를 어떻게 배웠는가를 생각해보라고 했다. 처음엔 주변에서 들려주는 언어를 열심히 듣다가 옹알이, 유아어 등을 통해 차츰 말하기에 익숙해지고, 그 다음 한글 읽기, 한글 쓰기를 배운다. 영어를 처음 접하는 아이들은 영어 세계에서 보자면 갓난아이인 셈이다. 당연히 많이 보고 들려주면서 옹알이처럼 입을 달싹거리게 만드는 것이 우선이라는 솔빛엄마 주장에 공감이 갔다.

솔빛네 방법은 무엇보다 아이가 스스로 하게끔 아이 주도성을 많이 믿어주고 격려해주는 방법이었다. 어떤 사이트는 아이에게 일정 분량의 공부량을 정해주거나 혹은 아이들끼리 100권 읽기, 1000권 읽기 같은 경쟁도 시키곤 하던데, 솔빛네 게시판에서는 그런 일을 말리는 분위기였다. 억지로 시키면 오히려 안 하는 승현이 같은 아이에게 딱 맞는 방법이었다. 이리하여 〈J네 영어연수법〉은 탈락!

이제 남은 건 〈W엄마의 초등1학년 영어연수법〉이었다.

〈W엄마의 초등1학년 영어연수법〉은 엄마가 해줘야 할 게 많아서 못할 것 같았어요.^^ 엄마가 계속 이끌어줘야 하더라구요. 〈솔빛네 엄마표 영어연수법〉도 물론 엄마가 멍석을 깔아주고 비디오, 오디오 교재도 계속 지원해주고 아이의 흥미나 관심을 살피는 등의 일을 해야 하지만 어쨌거나 엄마가 선생님처럼은 안 하잖아요. 그런데 W네는 엄마랑 같이 해야 할 활동이 많아요. 엄마가 아니라 선생님 수준이더라구요. 그래서 이건 못하겠다 싶었죠. 엄마 입장에서도 그게 좋아요. 부담을 갖고 지속적으로 아이랑 뭔가를 같이 안 해도 되니까……(흐흐) 올바른 교육이란 사실 아이에게 주도권을 주고 아이를 믿어보는, 그런 모습이어야 하는 거 아닌가요?

좋아, 좋아

2005년 새해 초, 봄이 되면 학교에 입학하게 될 승현이를 앉혀놓고 정신씨는 먼저 아이와 대화를 나눴다.

"영어 잘하고 싶지?"

"응."

"친구들이 학원 가는데 너도 가고 싶어?"

"아니, 절대 가기 싫어."

"왜?"

"학원 다니는 친구들이 그러는데 학원 다니면 엄청 공부 많이 해야 하고 무서운 선생님을 만날 때도 있대. 난 집에서 공부하는 게 좋아. 그게 편해."

"그럼 엄마가 설명하는 방법대로 한번 해볼래?"

"뭔데?"

"영어 잘하려면 먼저 영어 소리를 많이 들으면 좋대. 그래서 이제부터 영어로 나오는 영화비디오를 보는 거야, 네가 좋아하는 만화영화부터. 어때?"

"좋아, 해보지 뭐."

"영어학원비 아꼈다가 나중에 큰 돈 되면 여행 가자."

"좋아, 좋아."

일단 아이에게 동의를 얻었다. 엄마가 아무리 그 길이 옳다 싶어도 아이의 동의가 없으면 안 된다. 아이한테도 '이건 나도 동의한 일이야'라는 다짐이 생겨야 한다. 그 다음, 솔빛네 엄마표 영어연수를 진행하는 엄마들의 게시판 모임에 가입했다. 왜냐하면 혼자서 가야 하는 그 길이 쉽지 않을 것 같다는 예감이 들었기 때문이다.

아이가 영어비디오 오디오를 보고 들어도 처음 약 1년 가량은 겉으로 아무런 반응이 나타나지 않는다. 아이 안에 소리가 쌓이는 충분한 시간이 필요한 것이다. 그 시간 동안 엄마는 불안이나 의심을 참고 잘 견디어야 한다.

정신씨는 엄마표 영어연수를 하는 엄마들과 매일같이 게시판에서 만나 궁금한 것도 묻고, 불안한 것도 위로받고, 서로서로 다짐하면서 '같이 진행한다'를 따르기로 결심했다. 그래서 게시판에 가입한 것이다.

게시판 보며 소통하니까 불안감이 가시고 점점 마음이 느긋해지더라구요. 다른 분들 경험을 많이 읽게 되잖아요. 그분들 글 읽는 게 도움이 돼요. 공감하면서 저도 속도 조절을 하게 되는 거죠. 다른 분들이 저와 같은 고민, 불안을 해결해나가는 글을 올렸을 때 그 글을 보면서 제가 공감하고 배우고 느긋하게 아이를 기다려주게 되더라구요.

앞서 '영어 조기교육'이란 이름의 강호에 몸을 담아봤던 정신씨. 숱한 시련 속에서 '무예의 도'를 깨쳐 나가는 무사처럼 그녀도 다양한 실패를 통해 '엄마의 도'를 눈치챌 수 있었다. 아이와의 관계에서 '중요한 맥'을 잡을 수 있게 된 것이다. 하지만 이후 3년여 동안 엄마표 영어연수 게시판의 글을 읽으면서 그녀가 성장한 것에 비하면 지금의 깨달음은 새발의 피였다.

'영어는 아이가 잘하겠다고 결심해야지 엄마가 결심해선 소용없지!' 일단 이것만 깨달은 것도 소득이라면 소득이었다!

게시판 활동의 이점

- 엄마표 영어연수를 진행하는 방식과 절차를 파악할 수 있다.
- 같은 생각을 가진 엄마들과 서로 의지하고 격려하면서 갈등과 불안을 줄일 수 있다.
- 다른 아이들의 경험을 들으면서 내 아이가 어떤 단계에 와 있는지 가늠할 수 있다.
- 때론 내 아이의 단계를 선배 경험맘들에게 물어보고 자문을 구할 수 있다.
- 영어교육뿐 아니라 게임을 너무 좋아하는 아이에 대한 부모의 대처법, 수학이나 다른 학과목 공부하는 요령 등 육아실전에 활용할 수 있는 정보들도 구할 수 있다.

승현이가 운전석에, 엄마는 조수석에

2005년 1월, 승현이가 운전석에 앉고 정신씨는 조수석에 앉은 '엄마표 영어연수' 자동차가 시동을 걸었다. 솔빛엄마는 우리말이 여무는 3~4학년 이후에 영어연수를 시작하기를 권하지만 승현이는 1학년 때 시작했다. 말하자면 솔빛네가 고학년 학생을 대상으로 했다면, 승현네는 저학년 학생을 대상으로 한 것이다.

이왕이면 고학년보다 저학년에 시작하는 것이 더 좋지 않겠냐고? 얼핏 보면 그렇긴 하다. 그러나 여기엔 전제 조건이 있다. 승현이처럼 유아시절 우리말 책을 수천 권 이상 읽어 언어능력이 1학년 이상의 수준이어야 한다는 점이다. 승현이는 언어인지능력이 또래 1학년보다 훨씬 앞선 아이였다.

요즘 이런 아이들이 적지 않다. 많은 책을 읽어 인지능력은 앞서지만 정서나이는 여전히 제 나이인 아이들 말이다. 그러므로 다음에 소개하는 승현 엄마의 영어연수법은 우리말 실력이 또래보다 웃돌고, 유아시절부터 책을 아주 많이 보았던 1학년 아이의 경우라는 점을 기억해주기 바란다.

● **집에서 나 홀로 영어연수를 시작하려 한다. 무엇부터 보여주나.**

승현이의 경우, 처음에 영어를 전혀 못 알아들었을 때는 극장이나 비디오가게서 빌려봤던 〈니모를 찾아서〉〈라이온 킹〉〈샤크〉〈아이스에이지〉〈몬스터 주식회사〉〈릴로와 스티치〉 등을 한글자막을 가리고 봤다. 그림만 봐도 재미있어했다. 〈티모시네 유치원〉이란 학교생활을 막 시작한 아이의 이야기, 자신의 생활과 비슷한 만화영화도 흥미롭게 봤고.

또 〈스폰지 밥〉 〈아서 어드밴처〉 〈매직 스쿨버스〉 등도 좋아했는데 이런 목록들은 대체로 다른 아이들에게도 통하는 것 같다. 처음 시작하는 분들은 유아 때 아이가 좋아했던 만화영화를 원어로 보여주는 것이 가장 괜찮은 방법이라고 생각된다. 아이든 어른이든 익숙한 것이 쉬운 법이니까. 대개 하루 2~3화 정도로 20~25분 분량이었다.

그럴 리가!(웃음) 집중해서 보면 좋겠지만 그것도 일종의 엄마 욕심이다. 안 들리는 영어비디오를 아이가 무슨 재미로 골똘히 보겠는가? 고학년 때 시작하는 아이들은 의지와 동기를 갖고 잘 안 들리는 비디오 앞에서도 곧잘 앉아 있는다고 한다. 그래서 솔빛엄마는 이 연수를 적어도 3,4학년 이상 되었을 때 시작하라고 권한다. 하지만 나처럼 저학년 때 시작하게 되면 아이가 흥미와 재미를 잃지 않도록 세심하게 보살펴줘야 한다.

비디오보기의 '시작'을 엄마가 같이 열어주는 것이 좋다. 같이 본 비디오는 확실히 아이가 나중에라도 혼자 볼 확률이 높다. 그래서 매번은 못 하더라도 처음 볼 땐 같이 앉아서 재미있는 척 흥미로운 척 분위기를 띄워주곤 했다. 팝콘도 튀겨주고 '우리 지금 극장에 와 있다고 생각하자'며 분위기도 잡아주고. 그러면 그 영화를 홀대할 확률은 확실히 줄어든다.(웃음) 정 못 알아듣고 재미를 못 느낀다 싶으면 전체적인 스토리나 분위기를 대략 일러주었다.

● 앗, 영어가 되신다는 이야기인가.

일일이 해석해주는 것이 아니라 전체적인 느낌과 대강의 줄거리만 들려주는 것이다. 인터넷을 찾아보면 소개되어 있는 대략의 스토리 있지 않은가? DVD나 비디오케이스에도 대략의 내용이 소개되어 있고. 그걸 활용하는 것이다. 그러면 그림만 봐도 전체적인 스토리 흐름을 알기 때문에 자기가 유추를 한다. "아 저거 저런 장면인가보다, 저렇게 되나보다."

● 아이가 무슨 뜻인지도 모를 비디오를 보고 그걸로 영어를 잘하게 된다는 게 잘 이해 안 된다.

애들은 어른과 달라 그림만 보는 것도 잘한다. 처음에는 그렇게 그림만 본다. 그림만 보다가 웃기는 장면 나오면 웃고 그러다가 전체적인 스토리를 차츰 알아간다. 처음에는 잘못 얘기하는 경우도 많다. 그런데 점점 의미를 알아가고 비디오를 반복해서 보다보면, 나중에는 "엄마, 옛날엔 내가 이러이러한 이야기인 줄 알았는데 아니더라."라는 얘기도 한다.

아이들 보는 비디오가 사실 수준이 다 비슷비슷하다. 어려운 말이라기보다 아이들이 이해할 수 있는 쉬운 말이 많이 나온다. 그러니까 다른 비디오를 봐도 전에 봤던 비디오에서 나왔던 말이 또 나오는 것이다. 아이들은 그런 식으로 다양한 상황과 그때마다 사용되는 적절한 말을 반복해서 본다. 그리고는 그 상황하고 이 상황을 비교하면서 "아, 그게 이런 말이구나." 하고 유추를 하다가 눈덩이 굴리듯이 한 개, 두 개, 세 개, 여섯 개, 열두 개…… 이런 식으로 부피를 불려가는 것 같다. 그 과정에서 아이는 시행착오도 많이 겪게 된다. 처음에는 "내가 아는 것 나왔다." 하는데 듣다보니 "어 내가 모르는 거네." 하기도 하고. 반복과 유추를 통해 의미를 파악해가는 것 같다.

■ 〈엄마표 영어 연수법〉 방송 제작을 하면서 당시 캐나다에 교환교수로 가 있던 언어학자 박민규 교수와 전화 인터뷰를 했다. 당시 박 교수는 이 부분을 명확하게 설명해주었다. 사람의 뇌에는 외국어를 들으면 저절로 알게 되는 습득 기능이라는 것이 있는데 이 기능은 만 2~3세에서 만 12~14세 사이에 살아 있다. 때문에 아이들은 외국어에 지속적으로 노출되면 그 소리와 의미가 차츰 들리게 된다. 이 기능은 마치 성장호르몬처럼 성인이 되기 전에 아쉽게도 사라진다고 한다. 그래서 성인들은

비디오에 집중하게 도와주는 방법

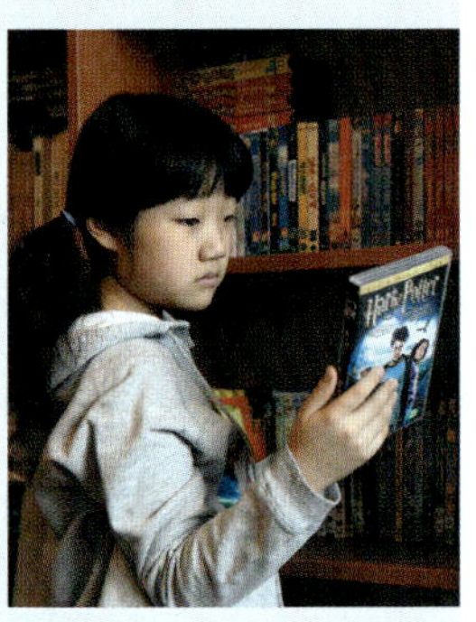

- 새 비디오 포장을 같이 뜯고, 어떤 내용일까 이야기 나눈다.
- 가급적 첫 상영 때는 옆에 앉아서 같이 봐준다.
- 재미있겠다, 신기하다, 저게 뭘까? 하는 감탄사를 중간중간 적절하게 건넨다.
- 정 못 알아듣고 흥미를 못 느낀다 싶을 때는 대략의 스토리와 이야기 흐름만 슬쩍 알려준다.
- 맛있는 간식, 아이가 좋아하는 먹을거리를 주면서 영화 보기의 흥을 돋운다.
- 아이가 보고 싶은 시간에 보고 싶은 것을 보도록 선택권을 준다. 엄마가 많은 선택권을 가질수록 아이는 해치워야 하는 의무적인 일로 느낀다.

아무리 영어비디오를 봐도 습득이 안 되지만, 아이들은 습득이 가능하다는 것이다. 단, 장면 혹은 이미지와 함께 소리를 들려주어야 습득이 가능해진다. 소리만 듣고 의미파악이 되기란 쉽지 않다.

● 혹시 비디오를 안 보려고 하지는 않았나.

승현이는 처음부터 잘 보는 편이었다. 왜냐면 내가 일체 TV를 안 보는 편이라서 아이도 정해놓고 시청하는 것이 따로 없었다. 그러다가 영어 때문에 TV화면을 틀어주니까 영어임에도 불구하고 꾸준히, 당당히 엄마 앞에서 볼 수 있다는 점에 반가워했던 것 같다. 엄마표 영어연수를 시작하려면 제일 먼저 'TV시청 제한'이나 'TV 끄기'부터 해야 한다. 그것부터 잘해야 영어비디오 보기가 잘 진행된다. 또한 따로 학원에 보내지 않으니까 혼자서 소파에서 뒹굴면서 영어비디오 보는 걸 좋아했다.(승현이는 태권도 학원과 일주일에

비디오 보기를 시작하기에 앞서 해주어야 할 일

- 아이의 방과 후 스케줄을 간단하게 정리해준다. 가급적 다른 사교육은 최소화하거나 시키지 않는다.
- 평소 TV를 많이 보는 아이는 영어연수에 몰입하기 어렵다. 'TV 안 보기'를 실천하거나, 정 어렵다면 'TV 골라보기' 등 'TV 절제하기'부터 먼저 몸에 배게 하자.
- 컴퓨터 게임도 마찬가지, 게임 조절 능력부터 먼저 길러주자.
- TV, 컴퓨터 절제는 부모부터 먼저 모범을 보여야 한다.

한 번 가는 동사무소 그림그리기 프로그램 정도만 방과 후 학습에 참여하고 나머지 시간은 종일 집에서 뒹군다. 심심한 시간이 많다.)

　간혹 늘어지거나 잘 안 보려고 하면 내버려두었다. 학기 중엔 더러 그런 적도 있었다. 하지만 방학 땐 집중해서 아주 열심히 보는 편이었다. 달리 할 일도 없었으니까 심심해서라도 열심히 본 것 같다.

　처음 1년간은 하루 한 편씩 꼬박꼬박 보도록 했다. 내가 방법을 잘 몰랐었고 욕심도 좀 있었기에 했던 실수였다. 처음 시작하는 1년 정도는 2~3일에 한 편씩 보게 하면서 천천히 이 연수법에 길들여지게 할 필요가 있다. 나 또한 게시판의 선배엄마들 이야기에 귀 기울이면서 알게 된 것이었다.

　나 혼자였으면 아마 1,2년 안에 영어가 되게 해보려고 과욕을 부렸을 것이다. 그럼 승현이는 영어는 좀 됐어도, 지금처럼 영어를 재밌어하고 좋아하지 않게 되었을지도 모른다.

　'네가 보고 싶은 걸로 골라와.' 하면 어제 봤던 것을 또 가져오기도 한다. 마치 어릴 때 아이에게 책 읽어준다고 골라오라고 하면 매번 똑같은 책 갖고 오는 것처럼. 처음엔 영화 한 편을 10일 정도, 많게는 15일에 걸쳐 반복해서 보더라. 그러다가 차츰 횟수가 줄어들었다. 이 부분은 아이에게 맡기는 것이 좋을 것 같다.

비디오 보기

- **처음 6개월에서 1년간**

  : 서서히 시작한다. 아이에 따라 감당할 수 있는 양이 다르다.

  질리지 않을 만큼, 조금 참고 지켜볼 수 있을 만큼씩 보게 한다. 대략 2~3일에 한 편 정도.

- **본격적으로 연수를 시작하기로 하면**

  : 좋아하는 만화영화 1시간~1시간 30분 분량, 혹은 영화 한 편씩 매일 본다.

오디오 듣기

- **1단계**

  : 오디오테이프는 즐거운 영어동요부터 시작한다.

  하루 30분에서 1시간 정도, 아이가 자유시간을

  가질 때 자연스럽게 틀어놓는다.

- **2단계**

  : 영어동화 테이프를 틀어놓거나, 아이가 좋아하고 재미있게 봤던 영화를 오디오만 따로

  녹음해서 하루 30분에서 1시간 정도 듣게 한다.

- **연수가 본격적으로 진행되면**

  비디오/오디오 양을 합쳐서 하루 3시간 정도 영어소리를 보고 듣도록 한다.

  (단, 영유아시기엔 절대 이 방법을 시작하지 말아야 한다. 비디오 중독증에 걸릴 수 있다.)

승현이가 초기에 들은 동요 테이프

- 위씽 포 할로윈, 위씽 포 크리스마스, 위씽 포 베이비…… 등 위씽 시리즈
- 어린이 영어 그림사전에 동봉된 노래CD

  (책에 있는 그림단어를 설명해주고, 그 단어를 넣어서 라임이나 동요, 챈트 등을 들려준다.

  승현이의 경우 단어설명 부분은 빼고 단어를 넣어 만든 동요, 챈트, 라임을 따로 녹음해서

  많이 들려주었다.)

● **하루 한 편씩 영어영화만 보면 끝인가.**

비디오 한 편씩 보고 나서 아이가 놀거나 그림 그리거나 우리말 책을 보는 식으로 자유시간을 가질 때 영어동요테이프를 많이 들려주었다. 음악이고 노래니까 아이 귀에 크게 거스르지 않았던 것 같다. 이야기테이프는 목욕할 때 많이 들었다. 혼자 있는 걸 싫어해서 목욕탕 앞에 카세트를 갖다 놓고 재미있는 이야기가 실린 듣기 테이프를 틀어주었다. 습기 때문에 카세트 하나를 버린 적도 있다.(웃음)

● **읽기는 어떻게 진행되었나.**

영어동화책을 사서 책꽂이에 꽂아주긴 했지만 보라고 강요하진 않았다. 3년 동안 자기가 보고 싶을 때 보면서 아주 조금씩 천천히 실력이 늘었다고나 할까? 전혀 공부답지 않게 진행됐다. 엄마 마음엔 오디오 테이프를 들으면서 해당되는 책을 보면 제일 좋을 것 같은데 그건 죽어라 싫어하더라. 싫어하는 건 억지로 시키지 않는다가 나의 모토이지 않은가? 그래서 '테이프와 병행해서 듣기'는 거의 안 하고 그냥 우리말 책 보듯 자기가 원할 때 조금씩 쉬엄쉬엄 보게 했다. 사실 영어책 좀 많이 봤으면 해서 책꽂이에 사서 꽂아놓았고, 봐주지 않아서 실망도 했다. 사준 정성에 비하면 그렇게 잘 봤다고 생각하지 않는다. 그래도 매번 '이만하면 됐지 뭘 더 바라나' 하면서 만족하려고 노력했다.

● **쓰기는 어떻게 진행됐나.**

쓰기는 낙서, 혼자 끄적거리기 같은 걸 하면서 늘었다. 그림을 그리고 나서 말이 되든 안 되든, 옆에 자기 나름의 설명을 붙이곤 하더라. 물론 문법도 틀리고 스펠링도 정확히 몰라서 엉터리로 쓸 때도 많았다. 영어와 한글을 섞어 쓰기도 했다. 아주 초기엔 S자를 거꾸로 쓰기로 하더라. 그래도 암말 않고 내버려두었다. 애들은 조금씩 서서히 고쳐나가는 것 같다. 한글 처음 배울 때 ㄱ, ㄷ을 거꾸로 쓰기도 하고 맞춤법도 자주 틀리면서 한글에 익숙해지지 않는가.

● 영화를 많이 보니까 만화대본도 잘 쓰게 되는 것 아닐까 싶다. 머릿속에 말이 차면 겉으로 새어나오는 법이지 않은가.

엄마표 영어연수를 진행하면서 배운 게 있다. 아이 성장과정에서 어른의 '기다려줌'이 얼마나 큰 미덕인가 하는 것이다. 나라고 매번 잘했겠는가? 아이 앞에선 자애로운 척하고 돌아서서 이 악물고 참아야 하는 과정이 필요했다.(웃음) 어떨 땐 조바심을 입 밖으로 내서 들키기도 했다. 엄마도 더러 아니 자주 실수한다.

● 술빛네 영어연수 방식은 '듣고 말하기'를 하고 그후 '읽고 쓰기'에 도전하라고 한다. 그런데 승현이는 '읽기 쓰기' 능력도 '듣고 말하기'에 뒤처지지 않고 상당한 수준에 올라 있다. 무슨 비결이 있을까.

아이들마다 영어소리가 쌓인 것에 대한 반응이 다르게 나타나는 것 같다.

유아기 때 우리말 책을 열심히 읽었던 경험이 영어책 읽기에도 영향을 미치고 문자나 기호 같은 걸 좋아하는 아이 기질이나 성향도 영향을 준 것 같다. 사실 보고 들은 비디오 양에 비해서 읽은 영어책의 양은 미미하다. 그런데도 읽기가 잘 되는 게 신기할 뿐이다. 아마도 우리말 책을 많이 읽은 것이 이유이지 싶다.

쓰기의 경우는 많이 틀리고 엉망이어도 영어로 뭘 끄적거리면 내가 엄청 기뻐했던 것이 긍정적인 영향을 주었다고 본다. '어려운 공부'일수록 이만큼 해라 저만큼 해라 정하지 않고, 조금이라도 하려고 시도하면 아주 좋아해주는 일이 꼭 필요한 것 같다.

● 시작하고 나서 시간이 얼마나 지났을 때 '승현이가 영어가 되는구나' 싶었나.

승현이는 자기 생각을 잘 출력하는 아이다. 의사표현도 잘하고 평소 자기 주장도 뚜렷한 편이라 아이의 머릿속에서 무슨 일이 일어나는지 알아채는 게 비교적 쉽다. 유아 때는 뭘 해줘도 침묵이라 '이렇게 해서 되겠어?' 했는데 초등학교 들어가서는 언어능력이 좀 되니까 간혹 영어로 한마디씩 반응을 보이더라. 그런 반응을 보일 때마다 엄마 입장에선 '아 이렇게 하면 되긴 되겠네' 싶은 희망이 생겼다.

1학년 때 승현이가 영어낙서 수준의 편지도 쓴 적이 있다. 물론 스펠링도

승현엄마의 영어연수 원칙

- ● (비디오 오디오를 통해) 우선 듣기를 충분히 채워준다.
- ● 읽기 쓰기를 하라고 강요하거나 강권하지 않는다.
- ● 양을 정해서 주고 하라고 강요하지 않는다.
- ● 읽거나 쓰거나 비디오 한 편을 충실히 보고 나면 기뻐거나 칭찬하는 반응을 생생하게 보여준다.

틀리고 어설프다. 그래도 뭔가 써보려고 했던 게 대단하다 싶어 칭찬해주었
다. 승현이는 특히 반성문을 쓸 때 꼭 영어를 섞어 쓰더라. 나는 아이한테 화
가 나면 혼내고 나서 이불 뒤집어쓰고 누워버리는 스타일이다. 그러면 승현
이는 자기 방에서 열심히 한자와 영어를 섞어서 반성문을 쓴다. 일종의 작전
이다. 나중에 아이가 '엄마는 내가 영어 쓰면 그렇게 좋아? 영어 쓰면 아주

좋아하더라~' 하더라. 표정에 나타나나 보다.(웃음)

● **1학년 때 벌써 영어편지를 써보려고 했다니, 그렇다면 시작하고 1년쯤 되면 뭔가 된다는 뜻인가.**

오~ 아니다. 그런 뜻은 아니다. 처음엔 나도 1년 정도 영어를 집중해서 들려주면 말도 유창하게 잘하게 될 줄 알았다. 그런데 의외로 알아듣는데도 시간이 꽤 걸리고, 그 말을 알아들어도 바로 유창하게 표현되어 나오진 않더라. 반성문에 더러 영어도 섞어 쓰고 한 단어 두 단어, 한 문장 두 문장 영어도 입에 올리고 영어책도 곧잘 보던 아이였지만 2학년 가을, 파주 영어마을에 갔을 때는 기대만큼 안 되는 모습을 보였다. 시어머니 모시고 사진 찍으러 놀러 갔는데 들어갈 때 여권 검사하듯이 수첩 주면서 말 몇 마디를 시키더라. 당연히 몇 마디 할 줄 알았는데 아이가 엄마 옆에 딱 붙어서 한 마디도 안 했다. 어찌나 민망하던지. 어머니도 집에서 학원 안 보내고 영어공부 시키는 것 알고 계신데…… 무안했다.

자기가 하고 싶은 말, 듣고 싶은 말을 비교적 자유자재로 한 건 그 이듬해, 3학년 5월에 미국여행 갔을 때였다. 알아듣고, 필요할 때 입이 열리기까지 한 3년 걸린 셈이다.

■ 아…… 그러고 보니 영어를 말할 때 정서적 나이도 중요하다는 생각이 든다. 저학년 때 시작한 승현이는 사회성이나 정서적 나이가 딱 여덟 살, 아홉 살 수준만큼, 그 나이에 딱 맞는 수줍음과 마음가짐으로 회화에 임하게 된다.

〈솔빛네 엄마표 영어연수〉를 고학년 때 시작한 아이들 중에는 열심히 하면 일

년, 일 년 반 만에 소리가 잡히고 입이 달싹거리는 아이들이 꽤 있다. 1,2학년 아이가 어른 대하는 모습과 4,5학년 아이가 어른 대하는 모습을 비교해보라. 그러면 무슨 뜻인지 이해될 것이다. 영어도 비슷한 양상을 보이는 것이다. 솔빛엄마 이남수씨는 늘 강조한다. '우리말로 세 마디밖에 못하면 영어로도 세 마디밖에 못하는 것'이라고.

영어교육하면서 정서적 나이도 고려해야 한다는 건 우리 부모들이 참 놓치기 쉬운 점이다. 영어를 받아들이는 아이의 한국 나이를 고려해야 한다. 다섯 살, 여섯 살 아이는 다섯 살, 여섯 살 수준의 영어를 할 수 있을 뿐이다. 그런 미미한 언어능력을 얻겠다고 어릴 때부터 비싼 돈을 들이는 부모를 보면 좀 안타깝다. 때가 되면 다 할 수 있는데.

● **승현이의 영어 억양이 참 자연스럽고 매끄럽더라.**

영어비디오를 많이 봤고, 좋아하는 캐릭터나 장면들의 대사와 노래를 따라했다. 쉬운 영어책들을 중얼중얼 소리내어 읽기도 즐겼다. 그러는 동안 인토네이션이 자연스럽게 형성되더라. 이젠 웬만하면 자연스러운 인토네이션을 구사할 수 있게 되었다. 승현이는 우리말도 낭랑하게 한다. 우리말 발성대로 영어도 낭랑하게 하는 것 같다.

■ 정신씨는 요즘 승현이에게 맞는 영어 학습방법을 찾아냈다. 바로 원어민과의 전화연결이다.

● **요즘 승현이는 어떻게 영어공부를 하고 있는가.**

자기가 좋아하는 영어만화 비디오를 보면서 영어를 익혔기 때문에 승현이는 영어가 지겨운 공부라는 생각을 안 하고 있다. 그게 큰 소득이다.

요즘은 필리핀 현지에서 전화로 인터뷰하는 전화영어를 일주일에 5차례 하고 있다. 처음엔 일주일에 두 번만 했는데 승현이가 너무 재미있어해서 횟수를 늘려주었다. 벌써 9개월째 하고 있다. 수업은 교재를 정해서 교재에서 다루는 내용과 관계된 영어를 주고받는 식으로 진행된다. 예를 들어 승현이의 영어이름인 'LUCY'를 가지고 각각의 철자에 맞게 단어를 하나씩 골라오라는 과제를 내주면 승현이는 한 개씩이 아니라 대여섯 개씩 단어를 생각해서 말하곤 한다. 선생님의 회화 과제를 너무 재미있어하고 의욕이 넘쳐서 막 오버하기도 하는 것이다. 승현이는 매사 이런 식으로 재미있게 공부하는 것을 좋아하고 그런 방법을 통해 실력을 늘리는 것 같다.

●

원어민 교사가 자꾸 발음을 교정하고 틀린 말을 지적해주는 것을 조심스러워하는 것이다. 이제 막 영어의 싹이 트려는 아이에게 교사가 자꾸 '지적'하는 것이 안 좋기 때문에 만류하는 것이다. 승현이도 처음엔 동사시제를 자꾸 틀려서 선생님이 몇 번 지적해주더라. 아이 반응을 세심하게 잘 살펴봤다. 그런데 승현이가 그걸 힘들어하지 않고 거부감 없이 잘 받아들이더라. 더 좋은 것은 선생님도 더 이상 교정하지 않고 아이와 대화를 즐기는 눈치라는 점이다. 무엇보다 선생님과 마음이 맞아서 전화 오는 시간을 기다리고 숙제를 오버해서 할 정도로 전화회화를 재미있어한다. 그래서 계속 한다. '아이가 재미있어하면 한다, 그러나 재미없어하면 안 한다'가 나의 원칙이다.

■ 사교육에 기대서 영어를 배우는 아이들은 레벨테스트다 뭐다 해서 영어 실력이 채 싹 트고 잎도 열리기도 전에 먼저 주눅 들고 기죽는 경우가 적지 않다. 대부분의 사교육 현장에서는 아이가 재미있어하는지 지겨워하는지는 중요하지 않다. 그곳에선 성적을 올려주고 레벨을 올려주는 일이 급선무처럼 보인다. 당연한 일인지도 모른다. 안 그러면 엄마들이 '당신들 지금 뭐하냐?'고 되물어 올 테니까.

우리는 왜 아이들의 '흥미'와 '재미'를 우습게 여기는 것일까? 왜 외면하는 것일까? 아이가 아주 어릴 땐 안 그랬었다. 아이가 우리말 배울 때 옹알이 하고 유아어 쓴다고 해서 "말하는 게 왜 그 모양이니? 똑바로 말하지 못해?" 했었던가? 천만에 말씀. 오히려 바른 말씨를 많이 들려주고 기다려주고 격려해주었었다. 어쩌다 말 한마디 하면 손뼉치고 기뻐해줬다. 영어도 그렇게 하자는 얘기다.

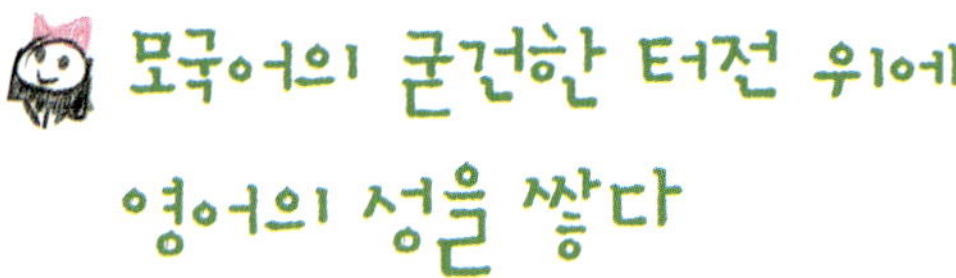

모국어의 굳건한 터전 위에 영어의 성을 쌓다

승현이는 책읽기를 아주 좋아한다. 유아시절의 사진을 보면 열 장에 일곱, 여덟 장은 책이 등장한다. 장보러 갈 때, 친척집에 갈 때, 엄마친구 집에 놀러 갈 때, 언제 어디서나 승현이의 옆구리엔 승현이가 좋아하는 책이 들려 있곤 했다. 우리말로 된 책을 유아시기에 충분히 재미있게 읽고 난 덕분인지 아이는 우리말도 퍽 잘한다. 남보다 뛰어난 우리말 실력은 영어교육에서도 엄청난 자산이 되었다. 잘못 알아듣는 영어비디오를 보고 들을 때, 상황을 상상하고 유추하고 이해하는 능력을 남보다 탁월하게 발휘할 수 있었던 것이다.

승현이의 책사랑은 영어책으로도 이어졌다. 승현이가 문자나 기호를 좋아하는 취향이 있기 때문이기도 하지만 정신씨도 승현이의 남다른 독서욕을 채워주기 위해 나름 부지런을 떨었다. 아이의 재능과 엄마의 뒷받침이 시너지를 낸 것이다.

정신씨는 영어조기교육은 적당히 했지만 책읽기에서만큼은 유난을 떨었다. 9개월 무렵부터 책을 많이 읽어주었다. 일단 동네 도서관에 데려가서 일주일에 가족 이름으로 빌릴 수 있는 만큼의 책을 빌려오곤 했다. 서점에 가서 낱권 책을 일일이 골라 사주기도 했지만 전집도 필요하다고 판단되면 사주었다.

정신씨는 중고인터넷 책방을 자주 활용한다. 아이가 하나였기 때문에 물려주어야 한다는 의무감이 없었고 깨끗이 보고 난 책이라는 점을 십분 활용한

것이다. 전집은 다 볼 때까지 기다리면 하세월이다. 전부 다보기를 기대하지 않고 70퍼센트 정도 보고 더 이상 손이 안 간다 싶으면 되파는 시점으로 삼았다. 낱권도 인터넷 중고서점을 활용하면 깨끗한 책을 저렴한 가격에 구입할 수 있었다.

승현이의 집 벽면에는 언제나 책들이 가득하다. 그 많은 책들이 경제적인 순환구조를 통해 등퇴장을 거듭한 것이다. 물론 승현이도 좋아하고 엄마도 좋아하는 책들은 따로 챙겨서 남겨두곤 했다. 책을 고를 땐, 권장도서 목록을 참고했다. 그러나 반드시 서점에서 책의 상태나 색채, 글, 내용 등을 확인해 보고 아이가 좋아하는지 아닌지 판단한 후에 구입했다고 한다. 실제로 승현이와 엄마가 좋아서 남겨두었다는 애장품 목록을 보면 유명한 작품이 아닌 것도 적지 않다.

나의 취향, 나의 개성 그리고 내 마음을 온통 이끄는 흥미, 이것이 승현이와 엄마의 애장서고에 간직될 책의 기준이 된다. 유명한 책도, 권위 있는 문학상을 받은 책도 미안하지만 소용없다. 가장 중요한 것은 아이와 엄마의 흥미, 취향이다. 이토록 '흥미'를 소중한 덕목으로 삼는 모녀를 나는 만나본 적이 없다.

하지만 잘 생각해보면 그녀들이 맞다. 21세기엔 '남보다 잘하는 아이'보다 남과 다른 '유일한 아이'로 키우는 것이 좋다고 하니. 21세기 교육의 화두는 '어렵고 힘든 일'을 '재미있게 능동적으로 하게 하는 것'이라고 한다. 'Best one'이 아니라 'Only one'이 되려면 내가 무엇을 좋아하고 잘하는지 알고 있어야 한다. 내 안목, 내 의견을 길러야 한다. 내 가슴을 뛰게 하는 재미있는 일을 찾아 열심히 하는 것. 그것이 곧 경쟁력이다.

남과 경쟁하려고 하면 끝이 없는 것 같아요. 남들보다 좋은 대학 가고 더 잘 먹고 더 잘 살려고 공부하면 힘이 들어요. 교육정책 바뀔 때마다 그거 따라가야 하니까 보폭을 못 맞춰요. 근데 나 자신의 성장, 발전을 위해 공부하면 교육정책이 바뀌고 불이익이 와서 대학을 못 가더라도 나는 성장한 게 틀림없잖아요. 처음엔 저도 아이가 영어 잘하고 공부 잘했으면 하는 마음에서 시작했어요. 하지만 3~4년 진행하면서 어느 날 문득 돌아보니 아이도, 나도 이만큼 커 있는 걸 느꼈고 그게 소중하다는 걸 알았어요. 아이의 잠재력을 믿어주고 기다려주면서 참 많은 걸 느꼈어요. 그것이 가장 강력한 공부법인 것 같아요. 세상이 어떻게 바뀌더라도 대처할 수 있는 가능성과 잠재력을 키워주는 거죠.

승현 엄마와 인터뷰하는 내내 나는 학습동기 분야의 저명한 학자 데보라 스티펙Deborah Stipek의 말이 생각났다.

"부모 노릇하기는 과학보다 예술에 가깝다. 내 아이를 위해 무엇이 옳고 무엇이 최상인지는 여러분 스스로 탐색해야 할 것이다. 내가 제시하는 많은 전략에 압도당하지 않았으면 싶다. 아이의 자발성을 존중했다는 것 하나만 알아차렸다면 그것으로 충분하다."

다섯 개의 풍선 미리암 로트 글, 오라 아얄 그림 | 랜덤하우스코리아

다섯 명의 아이가 다섯 개 풍선을 얻어 즐거워하다가 풍선 다섯 개가 터지면 아까워서 운다. 그런데 책 속에 말이 '풍선은 원래 터지는 거지'다. 세상일엔 어쩔 수 없는 것이 있고, 때가 되면 보내야 하는 것이 있다는 걸 알게 해준 소중한 책.

그건 내 조끼야 나까에 요시오 글, 우에노 노리코 그림 | 비룡소

생쥐의 조끼를 동물들이 한 번씩 다 입어보고 싶어한다. '나 한 번 빌려주라. 입어도 되니?' 하면서! 그림도 익살스럽고 아이들 마음도 잘 표현되어 좋다. 나누는 즐거움을 일깨워주는 책.

집 나가자 꿀꿀꿀 야규 마치코 글·그림 | 웅진주니어

아기돼지 세 마리가 엄마한테 혼나서 가출한다. 동네 안을 떠돌다가 '그냥 우리끼리 살자' 하고 마당에다 천막 치고 싸갖고 온 거 다 먹고 나니 날이 어두워졌다. 엄마가 부르니까 냉큼 집으로 돌아간다. '그냥 우리 집이 최고야' 하면서!

마들렌카의 개 피터 시스 글·그림 | 베틀북

개를 너무 키우고 싶은 마들렌카. 보이지 않는 끈만 가지고 동네 어른들의 추억 속 개를 만난다. 예쁜 삽화와 아이의 상상력이 돋보이는 책.

그래도 엄마는 너를 사랑한단다 이언 포크너 글·그림 | 중앙출판사(중앙미디어)

아이의 정신세계를 이해할 수 있게 해준 책. 흑백에 빨간 색채가 강렬하면서 단순하며 마음을 잡아끄는 매력이 있다. 아무리 말썽피우고 속 썩여도, 밤에 잠든 모습을 보면 아이가 사랑스러운 것처럼 사랑스러운 책.

도대체 그동안 무슨 일이 일어났을까 이호백 글·그림 | 재미마주

베란다에서 키우는 토끼가 주인이 집을 비운 후, 사람처럼 하고 싶었던 일을 하고 다니다가 사람들이 돌아올 시간이 되자 다시 베란다로 나가 시침을 뚝 떼는 이야기. 토끼가 돌아다닌 곳마다 떨어져 있는 까만 토끼 똥을 찾아보는 것도 재미 중의 하나.

벤자민의 생일은 365일 쥬디 바레트 글, 론 바레트 그림 | 미래아이

 승현이보다 엄마가 더 좋아했던 책. 누구나 포장된 선물을 풀 때의 설렘을 간직하고 있을 것이다. 벤자민은 집에 있는 모든 것을 하나하나 포장해서 다시 자신에게 주는 일을 매일 매일 한다. 어릴 때 선물 포장 풀 때의 두근거림이 생각난다.

리버벤드 마을의 이상한 하루 크리스 반 알스버그 글·그림 | 문학동네

 하얀 백지에 검은 라인으로 그려진 그림. 책장을 넘기다보면 그림 자체가 스토리 속으로 들어간다. 현실과 동화의 경계를 허물고, 가상의 공간을 넘나드는 재미를 주는 책. 충격 적인 반전이 놀랍다.

나무늘보야 헤엄쳐 앤 턴불 글, 에마 치체스터 클락 그림 | 마루벌

 노아의 방주를 동화식으로 꾸민 책. 주인공은 노아가 아니라 나무늘보다. 잠자느라 방주 를 못 탄 나무늘보를 동물들이 애써 방주에 태워준다. 다른 동물들의 다급한 말과 대조적 으로 아주 느릿느릿하게 나무늘보의 대사를 읽어주면 아이는 온몸이 간지러운 듯 뒹굴며 웃곤 했다.

탁탁 톡톡 음메~ 젖소가 편지를 쓴대요 도린 크로닌 글, 베시 르윈 그림 | 랜덤하우스코리아

 타자 치는 젖소들. 똑똑한 젖소들이 자신들의 요구사항을 주인에게 편지로 쓴다는 발상 이 재미있는 책.

조그만 광대인형 미하엘 엔데 글, 로스비차 크바드플리그 그림 | 시공주니어

 광대인형이 잘하는 것? 재미있게 해 주는 일이지! 페이지마다 라임처럼 비슷한 말이 되풀이 된다. 그걸 실감나게 읽어주면서 모녀가 깔깔거리며 웃었던 책. 엄마가 재밌 게 읽어주면 맛이 확 살아난다.

선인장 호텔 브렌다 기버슨 글, 미간로이드 그림 | 마루벌

 일생동안 여러 생물의 집이 되어주는 사구아로 선장에 대한 생태 그림책. 생명에 관 한 과학적 정보도 자연스럽게 알 수 있다. '아낌없이 주는 나무' 처럼 일견 숙연하게 되는 책.

1. 엄마가 할 수 있는 만큼만 했다.

누구나 초보 엄마시절이 있다. 1998년 스물일곱 살의 초보 엄마 장정신씨도 초롱초롱한 여자아이를 낳았다. 무늬만 엄마였지, 실상은 생초보 엄마였던 20대의 여자가 지금 내 머릿속에 그려진다. 마음은 아직도 여대생인데 두 팔 가득 아이를 안고 쩔쩔매는 20대 그녀의 모습! 온종일 말 안 통하는 아이를 먹이고 입히고 씻기고 재우고 동네 한 바퀴 돌고 하는 일이 얼마나 단조롭고 적적했을까.

'나는 매일매일 비슷한 일상에 매몰되어가는데 세상 혼자 저만큼 떨어져서 눈부시게 변하는 것 같았어요. 그렇다고 해서 몸이 한가했냐면 먹고 치우고 빨래하고 아이 돌보는 그 단조로운 일상들이 어쩌면 그리도 쉴 틈 없이 전개되던지 점심을 거르거나 컵라면으로 때워야 할 때도 적지 않았죠.'

몸은 바쁘고 마음은 한없이 무료했던 그 시절, 그래도 문 두드리고 찾아와서 다정하게 말을 건네고 '아이는 이렇게 키우는 것'이라는 정보를 주었던 사람들은 학습지교사나 방문판매업자들이었다. 생후 9개월, 승현이는 영유아 조기교육 프로그램을 시작했다. 하루는 친정엄마가 와서 그 모습을 보더니

'퍽도 지랄한다!'고 일갈했단다. 입으로는 '엄마가 아이 키울 때하고 우리하고는 다른 세상이야'라고 맞섰지만 뒤통수를 퍽 얻어맞은 듯한 기분이 들더란다.

엄마의 말을 듣고 가만 보니 웬걸, 교사가 와서 하는 일이 크게 달라 보이지 않았다. 자기도 맘먹고 하면 그 정도는 해줄 수 있을 것 같았다. 그때부터 교사의 수업을 눈여겨보기 시작했다. 그리고 얼마 후, 과감하게 프로그램을 그만두었다. 교사만큼 능숙하게 잘하진 못해도 아이와 어떻게 놀아주면 좋을지 요령을 배울 수 있었기 때문이다.

사실 출산 후유증으로 방광 기능이 약해진 정신씨는 밤잠을 충분히 자지 못했다. 하루 밤에도 서너 번씩 깨어나 화장실 출입을 하다보니 낮에도 몽롱할 때가 많았다. 그탓에 조기교육 교사처럼 아이하고 열심히 능숙하게 놀아주지 못했다. 그때는 '선생님'처럼 열정적으로 해주지 못하는 것이 아이에게 미안했단다. 하지만 엄마가 할 수 있는 만큼 했던 그 '적당히'가 오히려 아이에겐 쾌적한 수준의 조기자극이 아니었을까?

2. 아이 마음을 귀신같이 알아차렸다.

소아정신과 전문의 노경선 박사는 『아이를 잘 키운다는 것』에서 부모가 가져야 할 양육의 기본 태도로 '민감성 반응성 일관성' 세 가지를 강조했다. '민감성'은 아이가 좋아하는 것, 싫어하는 것을 예민하게 알아차리는 태도이다. 민감성은 애착의 틀을 결정한다. 부모가 아이에게 민감하게 반응할수록 부모에 대한 아이의 애착정도는 높아지고 깊어지게 된다는 것이다.

'반응성'은 민감하게 알아차리는 것으로 그치지 않고 행동으로 반응해주는 것을 말한다. 어떻게 행동하고 도와주는지는 부모 자신이 가진 애착 패턴의 영향을 받는다고 한다. 노경선 박사는 12개월까지는 무조건 아이가 원하는 대로 해주어야 하고 그 이후에는 아이에게 최선의 방법을 선택하되 아이와 의논해서 처리해야 한다고 강조한다. 아이가 부모의 행동과 조치를 충분히 이해하고 받아들여야 한다는 뜻이다.

'일관성'은 말 그대로 아이의 기분이나 원하는 바를 민감하게 알아차리고 행동으로 반응하되 변함없이 꾸준히 해야 한다는 뜻이다. 사실 부모가 아이에게 언제나 일관성을 유지한다는 것은 불가능하다. 그러나 노경선 박사는 적어도 60퍼센트 이상은 일관성을 갖도록 노력하라고 말한다.

결론적으로 아이는 부모가 자신을 알아주고 믿어주고 지지해줄 때 좋은 대우를 받았다고 생각하며 이 만족감이 아이 자신의 정체성과 대인관계에 지대한 영향을 준다는 것이다. 가만 보면 장정신씨도 민감성, 반응성, 일관성을 유지하려고 노력했다. 승현이가 가장 많이 하는 말은 '엄마가 내 마음을 귀신같이 알아차린다'는 것이다.

엄마는 귀신같아요. 내 마음을 어떻게 그렇게 잘 아는지 몰라요. 평소에도 깜짝 놀랄 때가 많아요. 내 속의 말이 내 얼굴에 쓰여 있나?(웃음) 엄마는 또 내가 싫어하는 일은 안 해도 되게 허락해주세요. 내가 무서워하는 것, 하기 어려워하는 것도 잘할 때까지 기다려주시구요. 먹고 싶다는 간식도 거의 다 만들어줘요.

젊은 엄마답게 조기교육에 은근히 욕심이 있었지만 아이가 싫어하거나 거부하면 곧바로 두말 않고 치워주기도 잘했던 승현 엄마. 애가 싫어하면 과감히 치워버리는 일은 그녀가 참 잘하는 일이다. 그럴 땐 미련도 전혀 안 남는단다. 양육의 중심에 '아이 마음'을 두는 일을 그녀는 썩 잘해왔다.

정신씨는 외동아이인 승현이가 혼자 집에 있는 걸 싫어한다는 걸 잘 안다. 그래서 아이가 방학을 하면 오전에 다니던 헬스를 잠시 쉬고 아이 곁을 지켜준다. '다 컸는데 뭐가 무서워?' 하면서 아이를 급하게 밀어붙이지 않고 기다려준다. 아이의 요구에 일일이 다 반응해줄 순 없지만 중요하다고 생각한 일들은 일관되게 지켜주려고 노력했다. 아이가 하나였기에 마음에 여유가 있었던 것 같다고 정신씨는 말한다.

3. 선천적으로 타고난 모성 + 배워서 익힌 모성

모든 부모는 자기 부모의 양육태도에 영향을 받는다고 한다. 정신씨 부모님의 양육태도는 어떠했을까? 부모님은 친정오빠에게 큰 기대와 정성을 기울였고 정작 막내인 자신에겐 별 관심이 없어 보였다고 말하면서 그녀는 웃었다. 그렇다면 정신씨 마음속의 부모상은 거의 빈 공백인가? 그럴 리가! 자식에게 정성을 기울이던 부모의 태도는 은연중에 정신씨에게도 작용했을 것이다. 다만 어린 정신씨에게는 오빠를 향한 사랑이 더 커 보였을 것이다.

여기에 더해 정신씨는 좋은 부모가 되기 위해 후천적인 노력을 상당히 기울였다. 학교에서나 인근에서 열리는 부모교육 프로그램에 꼬박꼬박 참여하고 양육서적도 많이 읽으려고 노력했다. 〈솔빛네 엄마표 영어연수 게시판〉에 매일같이 들어가 선배 부모들이 올린 글을 보면서도 많이 배워나갔다. 정신씨의 모성은 노력하는 만큼 무럭무럭 무르익어가고 있는 것이다. 올해 어버이날 승현이는 이런 편지를 보내왔다.

"……다른 아이들 부모님보다 더 잘해주셔서 감사합니다."

부모님이 뭘 그렇게 잘해주시더냐고 물었더니 승현이는 "학원 가기 싫다니까 학원 안 가게 해주셨잖아요. 그런 일도 고마운 일이죠. 내 친구들은 부모님한테 학원 가기 싫다고 졸라도 안 들어주신대요. 그런데 우리 엄마 아빠는 들어주셨잖아요." 한다. 사춘기에 접어든, 그것도 똘망똘망한 딸한테 이런 절대적인 신뢰를 얻기란 쉽지 않다. 승현 엄마는 참 좋겠다!

4. 아이의 반응을 살피면서 원하는 만큼만 하게 했다.

최근 뇌발달 연구에 따르면 언어기능을 담당하는 측두엽은 만6세에서 12~13세 사이에 발달한다고 한다. 뇌과학자 서유헌 박사는 측두엽이 발달하는 이 시기가 외국어를 비롯해서 우리말도 말하기-듣기-읽기-쓰기 교육이 효과적으로 이루어질 수 있다고 강조한다. 우리말 능력을 한층 심화시키면서 외국어를 배우고 익히기에 적합한 나이가 빠르면 만6세에서, 13~14세 정도라는 것이다.

정신씨는 승현이가 만6세 되던 무렵부터 본격적인 영어학습(승현이가 집중해서 공부한 최초의 영어교육은 엄마와 〈런투리드〉 교재를 놀면서 배운 일이었다)을 했다. 그것도 억지로 시킨 것이 아니라 승현이가 좋아하는지 아닌지 반응을 살피면서 정성껏 돌봐주었다. 그리고 초등학교에 입학할 무렵부터 본격적인 영어연수에 돌입했다. 적절한 시기에 적절한 방법으로 영어교육을 시작해서 잘 된 경우가 아닐까 한다.

아이의 흥미를 쫓아가세요. 강요하시면 아이 맘이 멀어져요. 절대로 강요하지 마세요!

1. 저학년에 시작한다면 절대로 욕심내지 마세요.

고학년에 시작하는 아이들보다 당연히 시간이 더 걸릴 것을 각오하고 천천히, 모국어처럼 습득한다고 마음 먹으세요. 제 나이의 모국어 구사 수준을 뛰어넘는 영어는 있을 수 없답니다.

2. 우리말 독서에 비중을 더 두세요.

우리말 책과 멀어진다면 나중에 영어책을 볼 리가 만무합니다. 그리고 알아듣지 못하는 영어비디오의 내용을 유추하는 것은 우리말 능력이 크게 좌우하지요. 우리말로 이해 못하는 것은 영어로도 역시 이해하지 못합니다. 우리말 잘하는 아이가 영어도 잘합니다.

3. 아이의 정서를 보호해주세요.

아이에게 비디오를 제공할 때 아이의 나이와 정서를 잊지 마세요. 영어보다 더 중요한 게 아이의 정서니까요.

4. 아이의 의견을 적극 반영해주세요.

비디오 선택이나 시청 시간, 보는 방법 등은 아이에게 선택권을 주세요. 관심을 갖고 아이와 자주 이야기를 나누어야 가능하겠지요. 아이와 얼마나 잘 소통하느냐 하는 것이 진짜 중요하답니다.

5. 강요하지 마세요.

재미를 찾아 아이가 스스로 빠져들게끔 여러 가지 환경을 만들어주는 데 세심하게 신경쓰세요. 입으로, 말로 자꾸 강요하는 것은 역효과가 나서 아이들 마음을 더 멀어지게 하지요. 몸은 비디오 앞에 데려다놓을 수 있지만 머릿속까지 집중하게 할 수는 없으니까요.

산, 등산말고 입산을 하자

66
나는 등산이라는 말보다 입산이라는 말을 더 좋아합니다.
왜 그렇게 기를 쓰고 오르려고만 하나요.
아이와 함께 나무 하나 풀 하나, 기어다니는 곤충,
날아다니는 새, 천천히 다 살펴보세요.
이렇게 자란 아이는 몸과 마음뿐 아니라
영혼도 건강한 아이가 됩니다. **99**

숲을 느끼는 아이

효인이는 올해 초등학교를 졸업하고 중학생이 됐다. 초등학생 시절, 효인이는 남다른 이력을 가졌다. 학교 안에서 〈푸른 숲 선도원〉과 〈푸른 하늘 지킴이〉 대표를 맡았고, (사)그린레인저 어린이숲리더 1기로도 활동했다. 생태 글짓기대회나 사생대회에 나가면 상도 잘 받아 왔다. 훗날 어른이 되면 자연 생태 안내자나 숲 해설가가 되고 싶단다.

아이는 서너 살 무렵부터 숲에 가기 시작했다. 가끔은 엄마랑 계곡물에 들어가 가재를 잡으면서 놀았다.

신나게 놀고 나면 엄마가 말하곤 했다.

"효인아, 저 바람소리 한번 들어봐. 어디로 가는 걸까?"

"흙냄새도 맡아보자. 와~ 참 구수하다."

"방금 지나간 저 새소리도 한번 들어볼래? 쟤는 지금 기분이 좋을까, 나쁠까."

설렁설렁 놀면서 산책했던 어린 시절의 숲, 그 기억은 효인이에게 평화롭고 아늑한 추억으로 남아 있다. 어쩌면 그 행복한 기억 덕분에 푸른숲 지킴이도 하고, 이런저런 숲 관련 활동도 하는 건 아닐까.

나는 효인이에게 봄, 여름, 가을, 겨울, 숲에 가면 어떤 느낌이 드는지, 숲을 잘 모르는 이 아줌마한테 알려줄 수 있겠냐고 정중하게 물었다.

"봄은요, 새싹이 파릇파릇 돋아나서 숲이 참 귀여워요, 여름은 음…… 일단 시원하죠. 가을엔 숲이 참 부지런해져요. 나무는 부지런하게 열매를 맺고 잎을 물들이고 곤충은 겨울나기를 준비해야 하니까, 다들 바빠 보여요. 그리고 겨울 숲은……."

효인이가 잠시 말을 끊었다. 귀여운 얼굴을 갸우뚱거리며 생각에 잠기는 눈치다. 성의 있게 대답하기 위해 아이가 혹시 곤혹스러워하는 건 아닐까. 거들어주고 싶어 내가 나섰다.

"나는 겨울에 숲에 가면 우선 조용해서 좋더라. 그냥 조~용~. 좀 쓸쓸하기도 하고?"

상투적인 내 말에 효인이가 반짝 눈을 빛내며 한마디 보탰다.

"하지만 눈이 오면…… 예쁜 숲이 되죠."

효인이는 걷기도 참 잘한다.

훤칠한 키에 단단해 보이는 몸집을 가진 이 아이는 놀이공원에서 5종 자유놀이기구를 타고도 집까지 오는 한 시간 거리를 걸어온다. 엄마가 '생태공부' 한다고 네 살 때부터 숲에 데리고 가면, 온종일 다리 아프다는 투정 한 번 부리지 않고 오래오래 잘 따라와주었던 아이. 효인이는 지금 시에서 주최하는 기후변화협약 교실에 등록하고, 꼬박꼬박 강의를 듣는 한편 생태체험도 다닌다. 생태지기 꿈을 향해 한발 한발 걷고 있는 것이다.

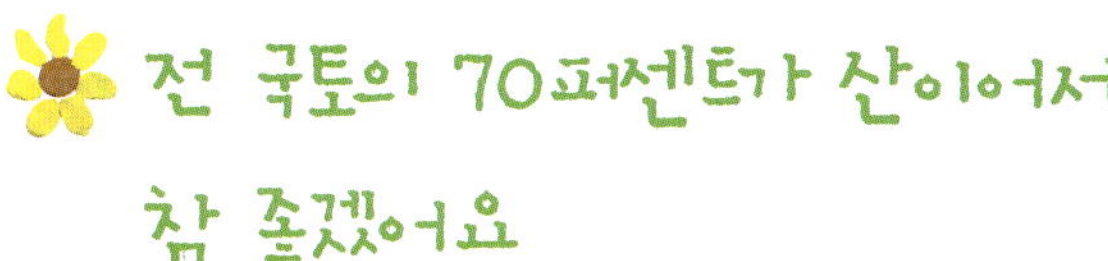

전 국토의 70퍼센트가 산이어서 참 좋겠어요

2000년 〈신애라의 육아일기〉라는 프로그램을 하고 있을 때였다.

그 무렵은 세계화 시대, 밀레니엄 도래라는 구호가 한창이던 때. 한국에 사는 외국인들은 아이를 어떻게 키우고 있을까 궁금했다. 그때 만난 한 미국인 엄마 얘기는 지금도 기억에 또렷하다.

이 엄마는 세 살, 네 살 연년생 남매를 키우고 있었다. 외국 아이들치고는 몸집이 왜소했다. 체질적으로 약하게 태어난 것 같다고 엄마가 말했다. 그런데 이 미국 엄마 좀 보게. 몸 약한 아이들을 싸매고 보호하는 것이 아니라 반대로 행동하는 것이 아닌가.

영하5도, 엄마는 아이들을 목도리, 장갑, 털옷으로 무장시킨 뒤 씩씩하게 현관문을 열고 나섰다. 뒷산까지는 15분 정도 거리. 생각해보라, 서너 살 두 아이를 데리고 추운 겨울길 그것도 야산을 향하는 나들이라니.

아이를 걸려본 엄마들은 잘 알 것이다. 그 길이 얼마나 지난한 도보길이 될는지. 쌩하고 실어 나르는 것이 아니라, 지들 발로 걸어가라고 했던 이 나들이는 실제보다 더 오랜 시간이 필요했다. 그러나 아이들은 호기심이 가득한 얼굴로 두리번두리번거리며 신나는 표정을 지어 보였다.

"한국 엄마들, 아이들을 참 안 걸리대요. 어릴 때부터 안 걸으니까 버스정류장에서 학생들이 두세 정거장을 가려고 기다리고 있어요. 걸어가는 것이 훨씬 나을 텐데 말이죠."

야산 기슭에 도착했을 때, 그녀는 또 말했다.

"한국은 전 국토의 70퍼센트가 산이어서 그런지 동네마다 야산이 있더라구요. 얼마나 좋아요. 미국에선 산에 가기 위해 두세 시간 차 타고 가야 하는 곳이 많아요. 아이들 데리고 숲에 자주 갈 수 있다는 건, 정말 근사한 일이죠. 그것 하나만으로도 애들이 어릴 땐 그냥 한국에 살았으면 좋겠어요. 한국 엄마들이 참 부러워요."

순간 프랑스에 갔을 때가 생각났다. 사방이 탁 트인 평야와 난생 처음 '지평선'이란 것을 보았을 때, 난 그 순간 그 나라를 얼마나 부러워했던가. 세상에 이 많은 땅을 보라지. 여기다 농사짓고 소치고 말 키우고 하니 얼마나 좋겠어. 부지런한 우리 농민들, 아마 얘네보다 훨씬 더 비옥하게 농사짓고 잘 살았을 거야. 아이고 배 아파라.

그렇게 나는 남의 나라 평야를 부러워했는데, 이 미국 엄마는 한국의 야산이 부럽단다. 갑자기 동네마다 봉긋 솟은 우리나라 야산들이 마구 귀해 보였다. 개똥이 약이 되는 순간이었다. 아니 그런데 이 여성은 도대체 우리나라 야산의 뭐가 부럽다는 거지?

나중에 아이발달을 차근차근 공부하면서 난 그 이유를 알 것 같았다. 미국 엄마가 아이들을 데리고 열심히 산에 간 이유는, 우선 운동발달을 위해서였다. 주변을 보면 정서발달, 인지발달에만 관심을 쏟고 운동발달에는 상대적으로 둔감한 엄마들이 적지 않다. 걸을 것 다 걷고 뛸 땐 뛰기도 하는데 무슨 걱정이냐고 반문한다. 운동발달이 왜 중요할까? 운동에는 '질'이라는 개념이 있다. 얼핏 보면 똑같이 걷고 똑같이 뛰는 것 같지만 사실은 질 높은 운동을 하는 아이들, 쉽게 말하자면 운동기술이 뛰어난 아이들이 있다. 이 아이들은 자기 욕구에 맞춰 몸을 움직일 능력이 있는 아이들이다.

신경생리학자 리즈 엘레엇Lise Eliot 박사는 『우리 아이 머리에선 무슨 일이 일어나고 있을까』에서 '내 몸을 내 마음대로 움직일 수 있는 것. 손을 뻗어 갖고 싶은 물체를 잡아 들여다보고 만져볼 수 있는 것. 움직이고 싶은 만큼 기거나 걷거나 달려가서 새로운 물체나 사람을 만나게 되는 것. 이렇게 운동 기술이 하나씩 덧붙여지고 잘하게 될수록 아이의 경험이 넓어지고 세상에 대한 이해도 달라진다. 아이가 움직이면서 환경을 계속 바꾸어 만나게 되면 정서적 지적 성장에도 도움이 되는 것이다'라고 말한다. 새로운 운동기술은 유전적인 청사진에 의해서 때가 되면 그냥 드러나는 것이 아니라, 도전을 통해 배우면서 보다 질 높아질 수 있다는 것이다.

좁은 우리 안에서 키운 원숭이 소뇌를 검사하면 신경세포가 작고 덜 정교하다고 한다. 그러므로 아이들은 안전하고 드넓은 환경 속에서 '안 돼' '위험해' '하지 마' 소리를 가능한 듣지 않으면서. 마음껏 뒹굴고 움직이는 것이 좋다.

아이를 똑똑하게 키우고 싶다면 부지런히, 마음껏 몸을 놀리게 해주시라. 대략 5세 미만의 아이들은 5분, 10분 이상 집중하기 어렵다. 이 무렵엔 가만히 앉아 있기보다 열심히 온몸을 움직이며 다니는 것이 훨씬 더 좋은 공부다. 그런데 빨빨거리고 다니는 아이들을 보면서 어떤 엄마는 또 걱정한다. "충동적이에요. 너무 산만해요." 이것은 지나친 걱정이다.

오죽하면 이런 실험까지 해봤을까? 건장한 미식축구부 대학생들에게 유아들이 하루 동안 움직였던 행동 패턴대로 움직여보라고 했단다. 결과는? 지쳐 나가떨어지더란다. 움직임은 유아들의 전형적인 특징인 것이다.

부모는 아이들의 이 움직임을 격려하고 도와주어야 한다. 미국 엄마는 그 연습을 한국의 나지막한 뒷산, 숲에 가서 하려고 했던 것이다. 숲 입구, 야트막한 언덕, 비탈길 정도만 가도 그만이다. 약간 경사진 그 길을 성공적으로 오르기 위해 아이들은 열심히 몸의 균형을 잡으려고 노력한다. 쓰러진 통나무를 보면 반색을 하면서 기어 올라가 몸의 균형을 잡고 걸어보려고 한다. 그러는 동안 아이의 몸과 두뇌가 얼마나 똑똑해지는지 모른다.

하지만 대부분의 아이들은 어떤가.

도시의 아이들, 참 운동 안 한다. 사실 아파트 코앞까지 자동차가 들락거리니 아이들을 맘 편히 놀게 할 공간도 많지 않다. 게다가 외동아이라면 어려움은 더욱 추가된다. 외동아이! 이 말은, 아이가 또래가 많은 가정이 아니라 성인이 많은 가정에서 자라고 있다는 얘기가 된다. 또래가 없다는 얘긴, 나처럼 실수 잘 하고 엎지르고 망치기도 하는 놀이파트너가 주변에 하나도 없다는 얘기다. 아이는 '같이 노는' 사람이 아니라 '놀아주는' 사람들과 사는 것이다.

외동아이인데다 고층 아파트에 살고 있고, 아래층엔 신경 예민한 이웃이 살고 있으며, 엄마가 늘 공부공부 하는 아이, 그래서 각종 교육 프로그램을 듣느라 늘 자동차로 쌩하니 실려 다니는 아이! 아, 어디서 많이 본 아이들이다. 다른 말 할 필요 없다. 이런 아이들은 당장 운동발달부터 걱정해야 한다. 미국 엄마가 부러워했던, 엄청나게 많고 흔한 우리네 산과 숲으로 데리고 가야 한다.

숲에서 놀며 자란 아이와 그렇지 않은 아이, 누가 더 공부를 잘할까

숲에서 놀다가 청솔모를 발견한 아이를 가만히 지켜본 적이 있는가? 아이는 청솔모의 행동을 한참 동안 주의 깊게 바라본다. 청솔모가 도망가면 안 되니까, 숨죽인 채 꼼짝 않고 서서 청솔모 움직임을 한 가지도 놓치지 않으려고 한다. 놀라운 집중력이다.

팔랑거리는 나비를 보고 아이는 또 이렇게 묻기도 한다. 나비는 뭐 먹고 살아? 지금 어디 가는 거야? 비 오는 날이면 갑자기 많아진 달팽이를 한참 들여다보다가 물어본다. 달팽이 집 안엔 뭐가 있을까, 그 어떤 교육 프로그램이라고 해도 이처럼 놀라운 집중력과 강력한 호기심을 자.발.적.으로 키워줄 순 없을 것이다.

2003년 독일의 유아교육자 해프너 박사는 숲 유치원을 나온 어린이들과 일반 유치원 출신의 어린이들이 초등학교에 입학했을 때 학교생활에서 어떻게 차이를 보이는지를 연구했다. 연구 결과 숲 유치원을 나온 아이들은 인내력과 집중력뿐 아니라 음악영역, 인지영역, 신체영역, 사회성 영역 등에서 높은 성과를 보였다고 한다. 왜 그럴까?

숲은, 새로운 것을 찾아다니는 유아의 욕구를 충분히 만족시켜줄 수 있다. 일 년 사시사철 365일, 숲은 하루도 똑같은 날이 없기 때문이다. 일조량, 빛의 움직임, 바람의 세기 등에 따라 숲속 나무와 풀은 매일매일 조금씩 변화한다. 그리고 이런 미묘한 변화를 곤충과 새들은 기가 막히게 알아채고 '자신

의 타이밍'에 맞춰 숲에 스며든다.

EBS 〈하나뿐인 지구〉와 몇 편의 자연다큐멘터리를 제작하면서 나는 숲가족들의 이 놀라운 살림살이에 가슴 떨렸다. 그 다채로움과 그 정교함, 그 새로움이라니! 훗날 양육 프로그램에 전념하게 되면서 그때의 느낌을 떠올려보았다. 숲에서 일어나는 숲가족들의 '살림살이'를 보고 듣고 만지고 냄새 맡고 느껴보는 경험이야말로 가장 훌륭한 오감교육이 아닐까?

내가 공동육아 어린이집에 아이를 보내게 된 것도, 오직 한 가지, 아이가 매일 숲을 볼 수 있다는 점이 너무 반가웠기 때문이었다. 공동육아 어린이집에서는 매일 두세 시간씩 뒷산이나 숲 나들이를 했다. 이 '나들이 행사'는, '도시, 아파트, 맞벌이 부부라는 3대 악조건에 걸핏하면 자동차로 실려 다니는 외동아이' 내 아이에게 꼭 필요한 '경험'이라고 생각했다.

그러고 보면 나는, 다른 건 잘 못해도 나들이 교육만큼은 잘 시키려고 노력했던 엄마인 것 같다. 나들이 행사를 통해서 아이는 놀랍게 변해갔다. 네다섯 살 때 숲 나들이를 가면, 흙 비탈에서 바지가 하얘지도록 미끄럼타고 놀기 좋아했던 아이가 일곱 살이 되자 텃밭에 나가 애벌레를 오래 들여다보고 만져보기 시작하는 것이 아닌가.

맑은 공기 속에서 온종일 잘 놀다오는 것만으로도 감사했는데 이제 아이는 소위 '관찰'이란 것을 하고 곤충과 생물에 푹 빠져들어가기 시작한 것이다. 장담하건대 내가 그 어떤 생물교육 프로그램이나 체험 프로그램에 데려갔어도 우리 아이가 그토록 곤충에 깊이 빠져들진 않았을 것이다.

일회성, 이벤트성 교육으론 그것이 잘 되지 않는다. 살아 있는 텃밭에서 일년 사시사철 지속적으로, 누가 강요하지 않는 가운데 친근한 생물들을 자주 만나면서, 그러면서 아이는 '생명에 대한 느낌'을 갖게 되고 그것을 '관찰'하는 힘을 스스로 키워나가는 것이다. 그 힘은 분명 네다섯 살 때부터 서서히 길러졌을 것이다. 그리고 일곱 살 때, 발달시기에 맞춰 발현된 것이리라.

곤충을 좋아하는 힘은 계속 커 나갔다. 이젠 누가 말린다고 될 일이 아니었다. 딱히 말릴 일도 아니었다. 아이는 컴퓨터에서도 곤충 관련 사이트를 스스로 찾아 검색해보고, 도서관에 가면 곤충 관련 도감을 스스로 들여다보고, 친구들 앞에서 해박한 지식을 설명할 줄 알게 되었다. 그 과정을 통해 아이 머릿속에서는 집중력, 정보 검색력, 정보체계화 능력들이 늘어났다. 엄마가 한 일이라곤, 아이의 모든 행동에 같이 신기해하고 감탄해주고 놀라워해주는 일, 그리고 대형서점에 데려가서 사고 싶어하는 칼라도감을 제법 큰 돈 들여 사준 일이 전부였다.

난 그저 숲에 가서 부족한 운동량 좀 채워보라 했을 뿐이고, 맑은 공기 속에서 행복하게 놀라고 했을 뿐이었다. 그런데 행복해지니까 똑똑해지기까지 한 것이다. 그때의 체험은 내게 '유아교육의 비밀'을 눈치채게 해주었다.

효인이의 체험은 앞서 말한 우리아이 체험에다 플러스알파가 더해졌다고 보면 맞다. 효인이 엄마 박영미씨는 전문적인 생태안내자다. 아이가 네 살 무렵부터 본격적으로 생태 공부를 한 엄마다. 엄마는 아이를 맡길 곳도 없어, 딱딱한 강의를 듣는 자리가 아니라면 어디든 아이를 데리고 다녔다. 효인이와 엄마는 거의 한몸이었다. 당연히 효인이의 체험은 우리아이의 체험을 훨씬 넘어선다. 우리아이는 어린이집 나들이를 통해 주로 낮에 숲을 갔지만 효인이는 거기에 더해 밤 생태체험도 해봤다.

영미씨는 아이를 데리고 밤에도 약수터에 가서 두꺼비를 보여주고 사슴벌레도 보여주었다.

밤이 되면 온통 기어 나온 딱정벌레들이 세상을 누리고 있었다. 효인이는 자전거 길을 가고 있는 매미를 나무에 붙여주고 허물 벗는 모습까지 구경하는 등 낮밤이 따로 없는 생태체험을 했다. 플라스틱 통에 제리뽀를 넣어두고 다음날 아침 찾아가서 딱정벌레가 10여 마리가 들어 있는 것을 눈으로 직접 보여주면 아이는 무척 신기해했다. 영미씨는 거미 알집을 따다가 집에서 직접 부화시키기도 했다. 거미줄 치는 거미가 아니라 돌아다니는 배회성 거미였다. 집 안에는 영미씨와 효인이가 틈틈이 주워놓은 온갖 자연물들이 많은지라 반갑지 않은 벌레들도 더러 꼬이곤 했다. 그 벌레들 좀 없어지라고 일부러 집안에 거미를 풀었다는 엄마. 생태계의 일상이 자연스럽게 집 안에서 보여졌던 것이다.

그래서일까? 우리 아이는 그저 숲과 곤충을 즐기는 정도이지만 효인이는 자기가 좋아하는 숲을 지키고 보호해야겠다는 차원으로까지 의식이 올라갔다. 생태지수가 훨씬 높은 것이다. 앞으로 고학년이 되면 우리 아이도 그럴 수 있을까. 내가 효인 엄마처럼 못했는데 더 이상 뭘 바라리.

생태맹(Ecological illteracy)

생태맹이란 용어를 적극적으로 사용하기 시작한 사람은 데이비드 올David W. Orr이다.

생태맹이란 자연생태계의 지식이 부족한 사람을 일컫는 것이 아니고 자연의 중요성, 신비함, 아름다움, 오묘함을 느끼지 못하는 감성이 부족한 사람을 일컫는 신조어다.

교실과 도서관, 실험실, 체육관, 컴퓨터실 등에서만 교육이 이루어진다고 믿는 사람도 일종의 생태맹이다.

산림학자 전영우 박사는 말한다.

'생태맹은 하루에 한 걸음도 흙을 밟지 않는 삶을 정상적인 것으로 인식하고, 아스팔트나 시멘트로 만들어진 도시의 인공 환경을 당연하게 여기며, 자연과 화합하면서 함께 살아가는 데 필요한 지혜, 정서, 교감의 가치를 옳게 인식하지 못한다.

주부가 쓰레기 분리수거는 철저하게 하면서도 새 아파트를 장만했다고 멀쩡한 가구를 새로 개비하는 양태가 바로 '생태맹'을 보여주는 전형적인 환경인식이다. 멀쩡한 가구를 버리고 새 가구를 구입하는 일은 열대림의 벌채를 알게 모르게 촉진하고, 이것은 다시 생물다양성을 감소시키며 기후변화를 초래한다. 생태맹은 우리네 일상적인 삶이 모두 지구 생태계와 밀접하게 관련돼 있음을 인식하지 못하기 때문에 눈에 보이는 작은 환경보호는 잘 실천하면서도 눈에 보이지 않는 큰 환경보호에는 관심을 갖지 못하는 것이다. 생태맹의 눈을 뜨게 하기 위해서 자연과의 친화가 필요한 것도 이 때문이다.'

물 식량 에너지가 점차 부족해지고 있는 21세기, 생태맹에서 탈피하는 안목을 길러주어야 아이는 건강한 지구인으로 살 수 있을 것이다.

아이 손을 잡고 가까운 숲을 자주 찾는 것부터 시작하자.

큰 사람, 단단한 사람이 되었어요

"뭐야. 자기만 귀한 아들인가? 나도 귀하게 자란 딸이야. 그런데 자긴 자기할 일 다 하고 살고 왜 나만 묶여 바들바들 이러고 살아야 하는데…… 억울해."

1992년, 영미씨는 분통을 터뜨리며 북한산 인수봉을 오르고 있었다. 남편은 오직 현장노동운동가로만 살아온 사람. 늘 긴박하고 중요한 일을 하며 사느라 가정을 돌볼 틈이 없는 사람이었다. 그걸 잘 알면서도 넉넉하지 못한 형편에 홀로 살림을 돌봐야 하는 영미씨의 삶은 외롭고 각박하기 그지없었다. 부부는 어젯밤도 싸웠다.

영미씨는 자신을 위해 화장품 하나 산 적이 없는데 남편은 노조원들을 돌보느라 택시를 타고 새벽에 귀가하는 일이 많았다. 이렇게 계속 살아야 하나? 같은 일을 해도 서울 출신 남편들은 더러 가족도 돌보는 것 같은데 내 남편만 경상도 출신이라 더 그런 건 아닐까? 게다가 도둑이 매 든 격이라고, 어젯밤 남편은 되레 화를 냈다. 같은 운동권 출신인데 그것도 이해 못해주냐는 타박을 쏟아냈다.

실제로 남편은 그녀가 학원강사하며 생계를 책임졌을 때는 집안일을 도맡아 했었다. 싸울 때면 그때 일을 꼭 강조하곤 했다. 나도 밥 지어다 갖다 바쳤다고. 남편은 또 말했다. 우리만 잘 살자고 사회 부정에 눈감을 수 있냐고. 남편이 자기 무안을 감추려고 쏟아낸 말들에 영미씨가 상처를 입었다. 민주사회 평등사회가 중요하다는 걸 누군 모르냐구. 하지만 당신이 그런 사회를 만들려고 동분서주하는 동안 난 이렇게 죽어간다구!

북한산 인수봉을 올려다보고 있자니 저기라도 한번 갔다와야겠다는 생각이 들었다. 그녀는 원래 산을 좀 좋아하는 사람이었다. 씩씩대며 인수봉에 오르고 나니 배가 고팠다. 컵라면 하나 사먹고 커피도 한 잔 뽑아 먹었다. 그 맛은 지금도 생생하게 기억이 날 정도다. 내친 김에 북한산 기슭 도선사에도 들렀다. 포대화상이 벽에 붙어서 환하게 웃고 있었다. 다 퍼주고도 씨익 웃고 있는 그 미소가 갑자기 그녀 가슴을 펑 뚫었다.

그래 사는 게 다 그렇지. 그는 그래도 내가 연애시절, 그를 위해서라면 한강물에 목숨을 버릴 수도 있다는 마음을 갖게 한 남자가 아닌가. 우리 사랑에 대체 무슨 일이 생긴 걸까. 하지만 분명한 건 그가 놀러 다니느라 그런 것은 아니라는 점이지, 좋은 일 하겠다고 그러는 거잖아. '내 것' 챙기기보다 '우리'를 지키려고 저러는 거잖아. 산을 내려와서 시장에 들러 장을 봤다. 집 현관문을 여는데 화가 어디론가 사라지고 마음이 그지없이 편안했다.

산을 다니며 나무에게 말 거는 법을 알게 되었다는 영미씨에게 산은 사람에게서 받는 위안보다 더 큰 평화를 주었다. 그렇게 영미씨의 산 사랑이 시작됐다.

산에 다니면서 차츰 눈에 보이는 것들에 관심이 갔다. 나무, 풀, 그곳에 찾아오는 곤충과 새들이 보이기 시작했다. 처음엔 산이 보였는데 차츰 숲이 보이기 시작했다. 숲은 산보다 훨씬 더 큰 무엇이었다. 그것이 알고 싶어졌다. 호기심 많고 몸 움직이기 좋아하는 영미씨의 성향이 숲에서 본격적으로 발동 걸리기 시작한 것이다.

공부를 하면 할수록 '환경'에서 '생태'로 개념이 넓어졌다. '환경'이라고 했을 땐 인간이 중심에 있고 나머지는 그 주변에 존재하는 것들로 비쳐졌다. 그러나 '생태' 안에서는 인간인 나와 미생물의 가치가 같아진다. 우린 이 거대한 자연에서 서로가 서로에게 의지하고 사는 존재들이 되는 것이다.

이런 깨달음에 이르기까지 영미씨는 참 많은 공부를 했다. 숲 해설과정에서 시작된 공부는 습지교육원을 거쳐 전래놀이, 짚풀공예 등 다방면으로 확산되었다. 영미씨는 어릴 때부터 걷기를 즐기는 사람이었고 본래 변화무쌍한 것을 좋아하는 사람인데 생태 공부는 그런 그녀 속성에 딱 들어맞는 공부였다. 그녀는 양재천까지 왕복 20킬로미터를, 양말이 닳아 구멍이 나고 다리가 접혀질 정도로 걸으면서 생태 공부를 했다. 신이 버린 몸매, 하지만 신이 주신 체력이라고 스스로를 칭하는 박영미씨.

생태 공부를 하면서 무엇보다 내 자신이 여유로워졌어요. 고지식한 사고방식에 소량의 미네랄처럼 꼭 필요한 무언가를 채워준 거죠. 그렇게 생태 공부는 '박영미'라는 전체를 살려냈습니다.

공부를 하면서 마음이 절로 여유로워지니 남편과의 빡빡했던 긴장 관계도 슬그머니 풀어지기 시작했다. 무엇보다 효인이가 건강한 아이로 잘 자라주는 것이 느껴졌다. 솔직히 큰아이 때는 남편과의 불화로 속이 상해서 아이를 어린이집 종일반에 맡기고 수영도 다녀보고 홈패션도 배우고 양재도 배우면서 살았다.

아들의 엄마 박영미는 초보 엄마였지만 딸 효인이의 엄마 박영미는, 생태 공부를 통해 넉넉해지고 지혜로운 엄마로 진화해 있었다. 효인이와 엄마는 관심사가 같고 생태 공부를 함께 한 사이이다 보니 손발 척척 들어맞는 일이 많다. 예를 들면 이런 일이다.

어느 날 아침 학교에 간 아이가 10분도 안 돼 집에 전화를 걸어왔다. 도착할 시간도 아닌데 웬 가는 길에 전화? 그것도 수신자 부담 공중전화로? 무슨 급한 일인가 싶어 어리둥절해하는 엄마한테 아이는 급히 한마디 건넸다. "엄마, 중앙공원에 잣송이 많아. 빨리 가서 주워."

마침 양재천을 복원하면서 파낸 잣나무가 공원 한쪽에 일렬로 심어져 있었는데 효인이가 등교길에 잣송이를 발견하고는 엄마에게 알려준 것이다. 엄마는 그날 딸이 일러준 대로 잣 열 송이를 얻어올 수 있었다. 다른 아이들은 그런 게 있는 줄도 모르고 지나치는데 효인이는 바닥에 떨어진 잣송이들을 눈여겨보았던 것이다. 엄마와 딸이 이렇게 집 주변 생태 변화에 늘 촉각을 곤두세우고 있고 서로 손발이 맞으니 관계가 안 좋을 수 있겠는가.

효인이는 엄마와 성향도 맞고 배짱도 맞고 취향도 맞는, 한마디로 궁합이 맞는 아이였다. 하지만 그렇다고 해서 애를 옆에 끼고 살진 않았다고 한다. 엄마는 산이며 들이며 개울로는 잘 놀러 다녀주었지만, 아이로 하여금 자기 생활은 자기가 알아서 챙기도록 일찌감치 훈련시켰다.

어디 놀러 갈 때면 효인이한테 네 짐은 네가 챙겨라 합니다. 어릴 때부터 가르쳤어요. 아이는 엄마가 가르쳐준 대로 자기 속옷을 손수건에 넣어 묶고 물놀이 할 튜브, 비치볼도 알아서 챙기고 옷도 다 골라서 자기 가방 하나를 만들 줄 알게 됐습니다. 그런데 아직 애는 애예요. 물 묻은 속옷을 넣어 올 비닐봉지까지 챙겨야 하는데 아직 그것까진 못 챙기네요.

엄마의 이런 교육방침에 대해 효인이는 어떨까? 효인이의 솔직한 심경을 물어봤다.

"엄마가 공부하러 다니고 생태 강의하러 가실 땐 바쁘시잖아? 집에 있는 다른 엄마들처럼 효인이 옆에 항상 못 있어서 섭섭했겠네?"

아이는 솔직하게 말했다.

"네. 그런 면은 좀 있어요. 하지만 나쁘기만 한 일은 아니에요. 그만큼 내가 단단해졌잖아요."

숲에 겸손한 손님으로 들어가자

● 옛날 엄마들은 아이를 무릎에 앉히고 이야기를 들려주었다. 책이 부족하던 시절, 인류의 문학적 감성은 그렇게 엄마 무릎에서 전수된 것 같다. 이제 현대의 엄마들은 아이를 데리고 숲에 가셔야 할 것 같다.

공감한다. 언젠가 재미있는 그림을 봤다. 부모가 등에 업은 지구를 자녀에게 넘겨주는 그림이다. 근대 이전까지만 해도 지구는 젊고 푸른 청년의 모습이었다. 그런데 근대 이후 지구 모습이 바뀌었다. 머리 다 빠지고 허리 구부러진 노인이 된 것이다. 우리가 자녀세대에게 넘겨주는 지구가 지금 이렇게 아프고 늙고 지쳐 있다. 엄마들이 이 점을 꼭 아셨으면 한다.

● 아이들이 미래를 위해서 해야 할 일이 참 많겠지만, 더 많은 '생태느낌'을 갖고 더 높은 '생태지수'를 갖는 일이 절대적으로 필요하다고 본다. 그런데 많은 부모가 생태 하면 너무 '큰 이야기'로 생각하고 멀게 느끼는 것 같다. 그러니 오늘은 부모들이 쉽게 이해할 수 있는 가깝고 작은 이야기를 주로 해보자.

오케이.

● 일단 우리 두 사람은 아이를 숲에서 길러 어떤 교육적 '효과'를 경험해본 사람이다. 엄마 입장에서 볼 때 효인이와 생태체험을 하면서 얻은 건 무엇인가.

우선은 잘 걷는다. 감수성은 물론 변화하는 상황에 대처하는 능력도 길러

졌을 거라고 생각한다. 독립심 강하고 말도 잘하고 글도 잘 쓴다.

사실 나는 내 공부하기도 바쁜 엄마였다. 아이는 어쩌면 그런 나를 덤으로 따라다닌 것인지도 모른다. 그러니 내가 아이 잘 키웠네 어쩌네 하기도 사실은 좀 부끄럽다. 다만 내가 한 공부가 생태 공부여서 결과적으로 아이에게 얼마나 다행스러운 일인지 모르겠다. 효인이는 개울에서 놀기 시작하면 어찌나 잘 놀던지 집에 데려오려면 한참 달래야 했다. 아이의 생태사랑이 학교에 들어가서 이런저런 활동으로 이어지길래 그런가보다 했는데 홍릉수목원에 있는 한그루 녹색회 그린레인저로 뽑히고 기후협약변화에 관한 글짓기대회에서 상도 받더라. 물론 자기소개서를 쓸 때 엄마와 의논이란 걸 하긴 했지만, 효인이의 생태감성이나 생태지수가 또래보다 높은 건 확실해 보인다.

숲 활동에 아이를 보내는 부모님들은 그 자체로도 참 '생각 있는 부모님'들이시다. 하지만 숲에 들어가는 아이의 복장이나 신발에 별로 신경 안 쓰시고, 마실 물 대신 연필과 노트를 들려 보내는 경우도 가끔 있다. 그럴 때 맥이 좀 빠지곤 한다. 가장 좋은 건 아이들이 숲에 들어가서 마음을 열고 실컷 노닐다가 머릿속에 가슴속에 숲을 기억하고 돌아오는 일이다.

독일에서는 교사가 온갖 도감을 가방 안에 넣고 다니며 가르쳐준단 말도 들었다. 하지만 그건 숲에서 이뤄지는 수많은 교육 가운데 하나로 행해지는 것이다. 아이들은 그런 공부를 하기 전에 이미 실컷 보고 느끼고 만져보는 다른 교육을 병행했을 것이다. 일주일에 고작 한두 시간 숲에 들어오면서 그나마 필기도구로 숲을 체험한다는 것은 좀 무리가 있다.

우선 복장부터 편하게 하고 가자. 원피스를 입고 구두 신고 오는 '공주과' 여자 어린이들이 간혹 있다. 이런 아가씨들은 '나무 한 번 안아보자' 하면 '선생님 저는 안 할래요' 하고 뒷걸음친다. (웃음)

숲에 들어가면 우선 프로그램 없는 프로그램을 해보시라. 숲에 가면 자연스럽게 오감 여행이 시작된다. 눈으로 보는 풍경, 코로 들어오는 냄새, 실컷 맛보자. 구수한 흙냄새, 귀에 들리는 온갖 새소리, 약수맛, 입을 벌리고 들이마시는 공기맛, 발바닥에 와 닿는 울퉁불퉁한 돌부리 느낌과 부드러운 흙느낌, 바스락거리는 낙엽 밟는 느낌. 내 발자국에 놀라 달아나는 벌레들. 다치게 하면 안 된다는 생각. 이런 생각이 모이고 모여 나중에 자연을 사랑하고 품는 마음이 된다.

엄마들 눈에 보이는 것, 아는 것부터 소재로 삼고 얘기해보시라. 곤충에 관심 있는 아이는 곤충들 있는 곳에, 물 좋아하는 아이는 개울물에, 꽃 좋아하는 아이는 꽃밭에 데려가서 세심하게 뭐가 있나, 잘 살펴보는 거다. 난 아쿠아슈즈 신고 물속에 들어가서 아이들하고 강도래 날도래 가재 옆새우 다 건

숲에 가면 직접 시도해보세요

- 장대비 오는 숲의 흙길을 맨발로 걸어봅니다.
- 바람 부는 날에는 숲속에 발을 고정시키고 숲을 노니는 바람에 온몸을 맡깁니다.
- 나무 줄기에 귀를 대고 (청진기라면 더 좋지요) 나무 몸통 속을 흐르는 물소리를 들어봅니다.
- 눈 오는 날에는 숲속 나무와 함께 머리와 어깨에 눈을 쌓아봅니다.
- 아무런 불빛도 없이 한밤중 숲길을 걸어봅니다.
- 눈을 감은 채, 울퉁불퉁한 열매를 만져보고, 가시에 살짝 찔려도 봅니다.
- 숲에서 나는 향기를 말로 한번 표현해봅니다.
- 나무에게, 숲에게, 자연에게 고맙다는 말을 해봅니다.
- 자연을 예찬한 아름다운 노래를 불러봅니다.
- 깊은 숨을 쉬면서 내 들숨에 나무의 날숨이 들어 있고, 나무의 들숨에 내 날숨이 들어 있다는 것을 생각합니다. 나무와 숲과 내가 하나입니다.

—『숲(보기, 읽기, 담기)』 중 '숲 오감 체험 10계명'

져오게 해서 보여주고 서로 어떻게 다른가 보게 한다. 물론 무사히 물로 되돌려 보낸다. 특별히 관심 가는 녀석은 사진 찍어 가져오거나 집에 와서 도감 찾아보는 거다. 전문가가 아니어서 그 이름을 일일이 몰라도 숲에 얼마나 많은 다양한 생물들이 사는지 느껴보는 체험 자체도 중요하다.

● **놀이도 많이 하시더라.**

놀아야지. 아이들은 속된 말로 즐거움 빼면 시체다. 그래서 하는 세 번째 단계가 숲에서 '미션놀이' 하기다. 안전을 위해서 영역을 정해주고 그 안에서 누가누가 제일 긴 잎 주워오나, 빨주노초파남보 색깔 찾아보기, 나뭇잎 딱지 놀이, 누구 한 사람 뽑아서 낙엽이불 덮어주기, 다람쥐 돼서 도토리 다섯 알 땅에 파묻어보기 등 내가 직접 숲속 가족의 일원이 되어서 신나게 놀아보게 한다. 아이들이 놀 때 보면 꾀가 멀쩡하다. 낙엽이불 덮어주기 하자니까 모두들 두 손 가득 낙엽을 모아 오는데 한 아이가 잠바를 벗더니 뭉테기로 낙엽을 가져오더라. '숲 소리 듣기' 하고 나서 '무슨 소리가 들리니?' 물어보면 언어 표현력이 좋은 아이들은 기가 막힌 표현도 곧잘 한다. 물론 어떤 아이는 엉뚱한 답변도 한다. 예를 들면 솔잎의 맛을 느낌으로 표현하라니까 '우웩'이라고 쓴 아이도 있었다. 처음엔 그럴 수 있다. 그런 것도 넓은 마음으로 이해해주자. 공책과 연필 없이도 숲 교실에선 창의력 공부, 언어 표현력 공부, 지각공부, 정서공부 등 성장기에 필요한 핵심 공부가 다 되는 걸 느낀다.

● **그러니 이렇게 하다보면 저절로 몸 건강해지고**

머리도 똑똑해지고

그래서 엄마들이 숲에 들어갈 때 꼭 생각하셔야 할 점이 있다. 숲에 가면 운동발달 인지발달뿐 아니라 사실은 더 중요한 것을 배우고 익혀야 한다. 바

아이와 함께 하는 숲 공부 5단계

1. 천천히 산책하기

전영우 선생이 제안한 10가지 오감 체험을 자연스럽게 시도해보자.(P. 224 참고)

2. 관찰하기

곤충을 보면 먼저 포충망을 휘둘러 잡으려고만 하는 아이들이 많다. 그보다 먼저 할 일이 있다. 어디에, 어떻게 앉았는지를 관찰하자. 곤충이 안 보이면 애벌레가 이파리 윗면에만 길을 내놓은 모습의 나뭇잎 찾기, 계곡에서 잎맥만 남은 나뭇잎 찾기 등 곤충들의 흔적 찾기를 해보자.

3. 하나하나 법칙 알기

이른 봄 제일 먼저 노란 꽃망울을 퍼뜨리는 나무가 생강나무다. 생강나무는 자기보다 키가 큰 나무인 밤나무 참나무가 봄이 왔다고 서둘러 잎을 싹 틔우기 전, 꽃부터 피워 종자생산에 에너지를 먼저 쓴다. 꽃 지고 잎이 나기 시작하는 것이다.

진달래나무는 이른 봄꽃부터 피워 큰키나무가 잎을 달기 전 종자생산에 최선을 다한다.

고산지대에 피는 철쭉은 꽃부터 피면 꽃이 추워 얼어 죽을 수도 있으니 잎을 피운 후 꽃을 피운다. 철쭉꽃에는 독이 있어 꽃을 보호한다.

봄에 피는 봄꽃은 나무들이 햇빛을 가리기 전, 서둘러 꽃부

로 손님이 되어 들어간다는 마음이다. 우린 이상하게 산에 오르려고 하면 자꾸 정복자 행세를 하게 된다. 산에 들어가 품에 안긴다고 생각하면 겸손한 손님의 마음이 된다. 그러니 산에 오르려고 하지 말고 산에, 숲에, 들어간다고 생각하시라. 나는 등산이란 말보다 입산이란 말을 더 좋아한다.

터 피운다. 아직 추운 날씨에 얼지 않도록 솜털 옷을 입고 잎이 싹튼다.
여름꽃은 이미 녹음이 무성할 때 꽃을 피우니 키 크고 화려한 색깔의 꽃을 피운다. 가을꽃은 해가 짧아야만 피는 꽃이다. 국화꽃이, 벌개미취가 대표적이다.

4. 예외 알기

늘 푸른 상록수인 소나무도 3~4년마다 잎을 간다. 바늘잎나무는 다 상록수인 것 같지만, 메타세콰이어처럼 바늘잎나무이면서도 가을에 단풍들고 겨울에 잎이 지는 나무도 있다. 넓은잎나무는 보통 가을에 낙엽이 지지만 회양목이나 사철나무는 넓은잎나무이면서도 낙엽이 지지 않는다. 자연을 움직이는 법칙에도 작은 예외가 있다. 예외는 법칙만큼이나 개체에 있어서는 중요하다!

5. 응용하기

아이들이 생태를 지식으로 받아들이는 단계다.
황금색 똥을 누는 아이똥을 닮아 애기똥풀이라 불리는 풀은 모르는 아이들이 거의 없을 정도이다. 이름도 다 알면서 정작 모기에게 물려도 그 즙을 바를 생각은 하지 못한다. 모기 물리면 애기똥풀을 찾게 되는 경지에 이르는 단계가 응용단계가 아닐까.

－박영미의 생태체험 생각 중에서

● 아이들이 호기심에서 곤충을 잡아오거나 손 안에 굴리다가 죽이기도 한다. 이럴 때 부모 입장에서 뭐라 말해줘야 좋을까.

음…… 나도 간혹 그런 일을 겪을 때가 있다. 한 번은 쐐기나방의 구멍 뚫린 고치를 보여주려고 아이들과 찾아보자고 했는데 한 아이가 철쭉에서 완전한 고치를 찾아왔다. 아이들이랑 함께 고치를 열어보았다. 번데기가 너무 예뻐 아이들이 입을 다물 줄 모르더라. 자연 상태에서 나방의 고치를 열어 번데기를 확인하면 나방으로 태어나지 못하니 너무 잔인한 것 아닌가 하는 마음도 든다. 당연하다.

하지만 생생한 자연을 보여주고 아이들에게 생태느낌을 주기 위해서는 때로 현미경식 관찰이 필요하기도 하다. 나는 그날 아이들에게 구멍 뚫린 고치를 이용해서 번데기를 한 번 보여주고 싶었는데 아이들이 아주 간절히 요청해 그만 고치를 열게 되었다. 교육을 위해 어쩔 수 없는 상황도 있다. 다만 너무 자주 이러면 곤란하겠지.

● 또 당부하실 점이 있다면.

아이에게 숲의 모든 생명에 대해 얘기해주실 때 전체적인 관점에서 해주셨으면 한다. 예를 들어 봄 숲에 가면 이파리를 먹는 애벌레들이 많다. 그런 애벌레들을 보면서 "잎이 불쌍해" 하는 아이들도 있다. 그럴 때 잎은 피해자, 애벌레는 가해자처럼 생각하기 쉽다.

그러나 생태계란 서로 먹고 먹히는 상호의존적인 관계다. 나뭇잎은 어차피 10~20퍼센트는 애벌레를 위해서 이파리를 달고 있는 것이다. 애벌레가 이파리를 먹고 고치를 짓고 나비가 됐을 때 이 나무의 수정을, 수분을 도와줄 수 있는 거라는 얘기까지 들려주어야 생태교육이 완성된다. 생명의 다양한 현상들을 보고 그걸 자연스럽게 받아들이는 것이 중요하다.

■ 우리아이도 일곱 여덟 살 때 매일같이 사슴벌레 잡으러 가자, 매미 잡아 오겠다, 조른 적이 많았다. 그럴 때면 사슴벌레도 자기 가족, 자기 살던 집에서 사는 게 좋지 않겠냐. 네가 데리고 오면 엄마 아빠 친구들하고 다 헤어지는 건데, 입장 바꿔 네가 그러면 좋겠냐고 되묻곤 했다. 사실은 사슴벌레 잡으러 참나무 숲에 가는 게 귀찮아서 그랬던 적도 많다. 잡으러 가는 것도 귀찮고, 생물을 잡아오면 안 된다는 어줍잖은 생태 철학 때문이기도 하고. 이래저래 완강한 엄마 때문에 아이의 호기심은 번번이 좌절되곤 했다. 아이는 사육용 곤충을 돈 주고 사다가 키우는 것으로 갈증을 달래곤 했다. 그것마저 못하게 할 순 없었다. 그렇게 수많은 곤충들이 집안에서 길러졌고 더러 죽어나가곤 했다. 때로는 키우던 사슴벌레 대신 장수풍뎅이를 키우고 싶다고 해서 그리하기도 했다.

하루는 비가 그친 날, 학교 옆을 지나오는데 커다란 지렁이 한 마리가 온몸이 마른 채 물구덩이 쪽으로 기어가는 모습이 보였다. 자전거가 자주 지나다니는 길이라 녀석의 미래가 걱정스러워졌다. 아들과 쭈그리고 앉아 지렁이가 기어가는 모습을 지켜보기로 했다. 우리 둘이 그러고 앉아 있자 지나가는 자전거들은 다 우리를 피해 가야 했다. 지렁이를 보호하려는 우리 모자의 봉사활동이었다고나 할까. 벌레를 밟지 않으려고 짚신 신고 다녔다는 옛 스님들의 마음이 뭔지 알 것 같았다. 무사히 물로 들어가는 모습을 보고 일어났다. 다리가 저렸다. 이런 체험을 기회 있을 때마다 했더니 아이 입에서 곤충 바꾸겠다는 소리, 뒷산 참나무에 꿀 발라서 곤충 잡아 오자는 얘기를 점점 안하게 되었다. 키우던 곤충이 죽으면 아이는 자기가 잘못 키워서 그런 것 같다고 잠깐 숙연해지기도 했다.

가수 신해철에게 최초의 죽음을 일러준 병아리 '얄리'처럼 우리아이도 수많은 생물을 키우다 실패하는 거듭된 경험을 통해 '생명의 소중함'을 차차 알아가게 된 것 같다.

아이들은 그런 것 같다. 처음부터 '생명은 소중해'라고 일러주는 것도 중요하지만 제 손으로 몇 번의 시행착오와 아픔을 겪으면서 그 명제를 가슴으로 배우는 것일지도 모른다. 생물을 들여다보고 만져보고 손에 갖고서 꼼지락거리는 일, 원래는 안 되는 일이야. 이러면 애는 죽어. 아주 미안한 일이지. 이런 마음도 함께 일러주면서 아이 호기심을 채워주는 일이 같이 병행되어야 할 것 같다.

생태체험에 앞서 읽으면 좋은 책

풀꽃 친구야 안녕 이영득 글·사진 | 황소걸음

이 식물은 왜 이런 이름이 붙었는지 특징이 무엇인지 아이와 엄마가 같이 읽을 수 있는 책이다. 저자가 아이들에게 직접 까주는 꿩의 밥 같은 씨앗 얘기, 본인이 직접 먹어보았던 나물 얘기가 친근하게 펼쳐진다.

얘들아 숲에서 놀자 남효창 저 | 추수밭

아이들 키우는 엄마가 동네아이들 모아 직접 해볼 수 있도록 숲 생태체험 놀이가 자세하게 나와 있다. 유치원과 초등학교 선생님들이 봐도 도움이 되는 책이다.

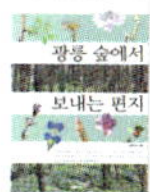

광릉 숲에서 보내는 편지 이유미 저 | 지오북

생태를 처음 접하는 엄마들이 가벼운 마음으로 읽을 수 있도록 식물들의 생활사를 쉽게 전해주고 있다. 한 번 읽고 무슨 내용인지 흐름을 잡은 뒤 재독할 것을 권한다.

게으른 산행 우종영 저 | 한겨레신문사

산에 가서 앞사람 발뒤축만 보고 정상을 향해 가는 많은 사람들에게 저자는 '느리게 느리게' 가기를 권한다. 나무도 보고 나무에서 앉아 노래하는 새소리도 들으며 게으른 산행을 해보자. 이 책을 읽고 내가 사는 동네의 문원폭포를 오르다가 참나무 밑에 나무 쏠은 흔적이 있어 나무 줄기를 훑어보았더니 사슴벌레의 턱이 보였다. 이런 것을 발견하는 재미를 같이 누렸으면 한다.

식물은 왜 바흐를 좋아할까? 차윤정 저 | 지오북

이 책은 생태에 대한 지식을 전달하는 것보다는 식물의 신기하고 놀라운 세계를 파헤치는 내용이다. 움직이지 못하는 식물이 치밀하고 과학적인 전략을 가지고 생존을 하는 모습을 그려낸다. 생태 초보보다는 본격으로 생태에 대한 관심이 일면 꼭 한 번 읽어보시길 바란다.

자연과 같이 살아남기

이야기 하나

승현이가 제법 굵은 아카시아 나무 기둥에 청진기를 대어본다.

교사; 들려?

승현; 응!

교사; 뭐라고 해?

승현; 음~ 날 사랑한대!

이야기 둘

먼 나들이길에 농약을 뿌리는 아저씨를 봤다.

논에 약을 뿌리면 잠자리도 죽을까봐 걱정하던 혜원이.

혜원; 엄마, 사람이 먹는 게 중요해? 벌레가 중요해?

엄마; 음…… 우선은 사람 먹는 게 중요하고 벌레도 있어야 사람도 사는 거지.

혜원; 근데 왜 벌레들은 다 죽으라고 약을 쳐?

이는 『함께 크는 삶의 시작 공동육아』에 실린 공동육아 어린이집 아이들의 이야기다.

가만 보면 내게도 풍요로운 숲에 대한 고마운 기억이 있다. 나는 어릴 적,

서울 근교 푸른 숲에서 아카시아 잎을 따먹고 나뭇가지를 주워 놀며 자랐다. 중학생이 되고 입시 준비를 하고 성인이 되느라 도시에 익숙해져갔지만, 그래서 한동안 까맣게 잊고 지냈지만 어린 시절을 추억할 때면 늘 푸른 숲이 선명하게 떠오르곤 한다. 숲에서 놀 때 나는 얼마나 포근했고 자유로웠으며 세상이 얼마나 신기했던가! 성인이 된 지금, 내 안에 그나마 선량한 기운이 조금이라도 남아 있다면 그건 어린 시절 푸른 기억 덕이 크다. 그래서 난 우리 아이한테 숲 나들이 체험을 주려고 갖은 애를 다 썼다.

남편의 자연체험은 더욱 깊다. 농촌에서 자란 남편은 학교 갔다 집에 오면 소가 자기를 알아보고 미소 지었다고 한다. 꼴을 베어다 주는 자길 알아봤다는 것이다. 남편은 얼굴 근육을 씰룩거리며 소가 미소 짓던 모습을 재현해보려고 애썼다. 눈에는 소에 대한 그리움이 가득했다. 숲에 갔을 때 남편은 나무에 기대거나 올라서 사진 찍는 사람들을 보면 얼굴이 붉어지며 혼잣말처럼 화를 내곤 했다. 나무가 말 못한다고 막 함부로 해. 너무하다.

“당신 혹시 전생에 소나 나무 아니었을까?” 하며 나는 깔깔 웃곤 했지만 사실은 자연을 제 식구처럼 챙기는 남편의 감성이 부럽고 존경스러울 때가 많았다. 남편은 돌고래 쇼도 아이에게 보여주지 말자 했다. 채찍과 당근으로 길들인 동물쇼 따위는 우리 아이에게 보여주지 말자는 것이다. 남편의 이런 유별난 감성 때문에 내 행동도 자연 조심스러워졌다. 아이가 기어다닐 때 마루에 이상한 벌레가 기어 다니면 차마 죽이지 못하고 휴지로 살짝 감싸서 창문 밖으로 버리곤 했다. 애비를 꼭 닮은 눈으로 나를 쳐다보는 아이 앞에서, 신문지 같은 걸로 탁 쳐서 죽이기가 어쩐지 힘들었다. 속으론 징그럽고 무서웠지만 아이 들으란 듯 다정하게 '벌레야, 잘 가. 얼른 네 집으로 가렴' 하면 서리. 우리 아들은 그래서 남달리 곤충을 좋아하게 된 걸까? 하여튼 수준 낮은 이 어미는 그저 아이가 곤충 좋아하는 덕분에 관찰력 뛰어나고 집중력 높은 것이 반갑고 고마울 뿐이다.

나는 믿는다. 우리 아이의 영성이 성당에서뿐 아니라 숲과, 하다못해 집 근처 나무 한 그루 옆에서도 키워지고 있다고. 그렇게 자란 우리 아이는 훗날 자신이 꿈꾸는 곤충학자가 아니라 구멍가게 주인이나 배달원이 된다 해도 지구 생태계의 일원답게는 살 것이라고. 그러면 됐다. 그만해도 훌륭하다.

아이의 마음이 자연이라는 '차원 높은 세계'를 향해 활짝 열릴 수 있게끔 도와준 인근 숲과 공원의 흙, 나무, 곤충, 새, 바람, 그 밖의 모든 생명들께 정말 고개 숙여 감사드리고 싶다.

1. '건강한 아내'가 되려고 했다.

정신과에서 들려주는 유명한 이야기 하나.

결혼 적령기의 한 여성이 병원을 찾았다. 남자에 대한 부정적인 생각이 너무 강해서 결혼하기가 힘들다는 이유였다. 의사는 이런저런 질문을 하다가 당신의 아버지에 대해 말해보라고 했다. 그녀의 입에서 나온 단어들은 이랬다.

'비열하고, 무책임하고, 잔인하고, 저 혼자만 알고……'

그 말은 딸의 입에서 나올 수 있는 단어가 아니었다. 남편에 대한 원망, 자신의 삶이 얼마나 힘든가에 대한 하소연, 이런 걸러지지 않는 감정들을 그 엄마는 딸에게 쏟아부었던 것이다.

부부가 살면서 어찌 갈등이 없겠는가. 다만 그 갈등을 잘 풀어내는 모습, 서로의 욕구를 잘 조절해가는 모습도 아이들에게 더불어 보여주지 않는다면 아이는 '관계 맺는 법'을 배우지 못한다.

아내 입장에서 볼 때 아이의 영유아기는 남편에 대한 불만이 가장 극심한 때다. 나도 그랬고, EBS 〈60분 부모〉에서 약 1년 2개월 동안 부부관계 코너를 맡으면서 만난 수많은 부부들도 그랬다. 그런데 알고 보니 그 원인은 호르몬 때문이었다. 아기를 낳고 나면 여성의 몸 안에 불안을 자극하는 호르몬이 많아진다고 한다. 아기와 나만 달랑 남겨진 집이 무섭고 힘들게 느껴지는 것이다.

남편은 잘 모른다. 하루 종일 아이 키우는 것이 얼마나 고독하고 숨 막히는 일인지를! 무늬만 엄마일 뿐 사실 아내도 남편과 똑같이 처녀 때의 감수성을 갖고 있다는 것을! 아이를 낳기만 하면 갑자기 엄마 자세가 저절로 잡히는 게 아니라는 것을!

직장 다니는 엄마들도 사정이 다르지 않다. 똑같이 일하는 데도 아이를 챙기는 일에서는 아내 몫이 더 많다. 무슨 엄마가 그 모양이야? 이 시기에 남편들이 참 잘 하는 말이다. 남편들 머릿속엔, 집에서 살림하고 아이 돌보던 전업주부, 바로 자기 엄마상이 깊이 각인되어 있는 것이다.

그래서였을까? EBS 〈60분 부모〉에서 만난 남편들은 이렇게 말했다.

"엄마하면 그냥 자동으로 그 모습이 떠오르니까 그냥 말해본 것뿐인데, 그 한마디에 그렇게 죽을 듯이 덤벼드는 아내가 무서워요. 난 그저 공기총 한방 쐈을 뿐인데 아내는 수류탄 맞은 것처럼 난리 난리 그런 난리가 없더라구요."

이러니 맨날 전쟁이다. 전쟁하느라 흘린 피땀, 그 상당량이 아이들에게로 튀고 있다.

부부 사이는 아이들의 정서가 기대 자라는 텃밭이다. 박영미씨는 금세 알아차렸던 것 같다. '건강한 나'가 되지 못하면 좋은 아내도, 엄마도 될 수 없다는 것을.

괜찮은 나 그리고 괜찮은 엄마와 괜찮은 아내, 이들은 결국 동일한 한사람이다. 방송을 하면서 또 주변에서 만난 사람들은 엄마노릇이 우선이고 좋은 아내는 두번째 순서라고 생각하는 경우가 많았다. 박영미씨는 반대였다. 먼저 건강한 아내로 서보려고 했다. 그녀가 산공부에 그토록 몰입한 이유도 바로 그것 때문이었고, 결국 그녀는 그 일을 이루었다.

2. 그녀는 옆집 엄마한테 가지 않고 산으로 갔다.

"……저 산은 내게 잊으라 잊어버리라 하고 내 가슴을 쓸어내리네 / 아 그러나 한 줄기 바람처럼 살다 가고파 / 이 산 저 산 눈물 구름 몰고 다니는 떠도는 바람처럼."

부부갈등으로 인한 화를 산에 풀었다는 박영미씨의 말을 듣고 순간 양희은의 노래 〈한계령〉이 떠올랐다. 처음엔 유머처럼 들렸다. 말이 짧은 그녀의 '화 풀러 산에 다녔다'는 한 줄짜리 말 안에서 내 주변의 시민 운동하는 친구들의 젊은 아내들이 떠올랐다.

이불 꿰매는 아내 손을 보고 고마움, 미안함의 감상을 적었던 그 옛날 박노해 시인의 시는 시집 안에 곱게 적힌 글이었고 실제로 우리 사회 민주투사 남편들은 가정 안에서 대부분 자기 아버지처럼 행동하는 경우가 많았다. 보고 자란 것이 그것이니까 자연히 그게 나오는 것이다. 민주화운동 하는 남편들이었기에 우리 아내들은 '관계의 민주'도 기대했는데, 남편들의 행보가 우리 기대보다 좀 더디고 느렸다고 해야 할까.

알고 보면 박영미씨는 '나 혼자 지키는 가정'이 힘들었을 것이다. 그러므로 아내의 화는 남편을 향한 것이라기보다 세상에 대한 것이라고 표현하는 것이 더 옳다.

영미씨는 인터뷰를 끝낼 무렵 내게 말했다. 아이들이 남편을 닮아 온순하고 참한 성격을 가졌다고. 참한 사람이어서, 손해와 상처를 안으로만 곱씹고 외부엔 드러내지 않으려는 사람이어서 아내는 아마도 더 화가 났을 것이다.

나도 그런 남편을 하나 알고 있다. 바로 내 남편이다. 남편은 그냥 평범한 사람이다. 그런데도 나 역시 수많은 갈등과 불화를 겪으면서 부부생활을 한 지라 그녀의 말을 금세 알아차렸다. 하지만 난 산에 가서 나무에게 말하지 않고 나와 아주 친한 친구나 후배에게 속상한 마음을 슬쩍 흘리곤 했다.

사실 본격적으로 털어놓기도 힘들었다. 당장에는 성이 나서 이런 말 저런 말 남편 흉을 보겠지만 남편과 화해하고 그 친구와 남편과 셋이 만날 때면 마음이 불편했다.

'어머, 얘 지금 우리 남편을 졸로 보고 있는 거 아냐? 사실 좋은 점도 많은 남자인데. 그때 내 감정에 쏠려 할 말 안할 말 괜히 했구나' 친구에게 고백하고 후회하고, 이런 부질없는 짓을 그 얼마나 했던가.

하지만 그녀는 나와 통이 달랐다. 자기 화를, 말 없는 산 정상 바위에다가 새기고 계곡에 부는 바람에 흘려보냈다.

적어도 사람에게 말해놓고 이 세상 믿을 사람 아무도 없어 소리는 곱씹지 않을 수 있겠지. 자연은 인간보다 단단한 존재니까.

지금 생각해보니 그녀가 산에 가서 쏟아놓은 말이 과연 부부 갈등뿐이었을까 싶다. 어쩌면 그녀는 이해 못할 온갖 인간사를 토로했을지도 모르겠다. 날숨으로 분노와 화가 나가고 들숨으로 생명을 마시는 일, 그 감각을 효인이도 알게 모르게 배우고 있을 것이다. 나도 한번 꼭 해봐야지.

 영미씨의 메시지

1. 아내 자신, 엄마 자신의 몸 건강, 정신 건강부터 챙겨보세요.

숲에 가면 도움을 받을 수 있을 것입니다.

2. 숲에 가면 머리로 외우고 공부하라고 하지 마세요.

온 몸으로 느끼게 하세요. 노트와 연필 대신 물통을 들고 숲에 들어가세요. 엄마부터 먼저 그 느낌을 가져보세요.

3. 숲 공부는 오랜 시간이 필요합니다.

하루 이틀, 한 달 두 달로 숲을 이해하기 어렵습니다. 편하게 봄여름가을겨울을 한껏 누려보세요.

4. 숲에 가면 재미있게 놀아 보세요.

생태 놀이는 자꾸 해봐야 몸에 익혀 할 수 있습니다.

5. 아이 친구들과 어울려 가보세요.

아이 하나 둘로는 놀이할 게 실제로 많이 없습니다. 그러니 아이 친구들과 어울려 가보세요. 처음엔 책에 나온 놀이를 따라가게 되지만 자꾸 해보다보면 나만의 변형이 생겨 활용이 무궁무진하게 늘어날 것입니다.

성교육보다는 사랑교육, 사람교육이라고 하자

66
성에 대해 말할 때 아이는 부모의 말만 듣는 것이 아니라
표정, 태도, 말에서 풍기는 냄새까지 다 맡습니다.
그러니 진정한 의미의 성교육은
부모의 올바른 성생활에서 우러납니다.
의식주에다 성을 하나 더해야지 완전한 생활이 되지요.
하지만 성생활 교육이라고 하면 어색하니까
사랑교육, 사람교육 정도로 말하면 좋겠어요. 99

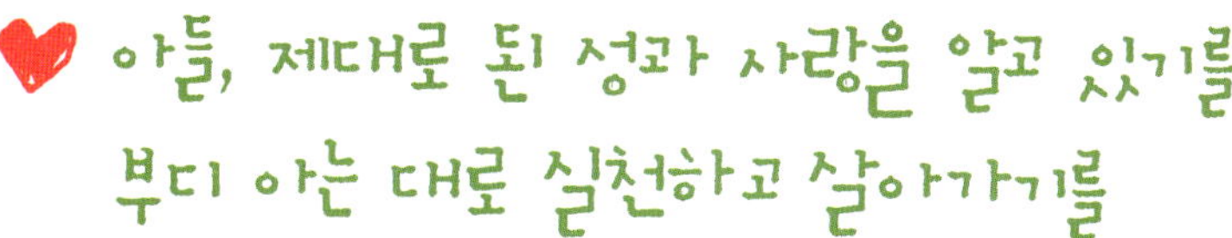

달리는 차 안

차량 뒷좌석에 누워 깜박잠을 자던 사춘기 아들이 갑자기 깨더니만 낭패스럽다는 듯 '에이~' 한다. 운전을 하느라 앞만 보고 가는 엄마였지만, 이 엄마가 누구인가. 눈치9단 센스9단에다 학교 성교육 담당 교사 아닌가. 아들의 허둥대는 기색을 보고 대번에 사태를 파악했다. 아들은 부지불식간에 발기가 된 것이다.

"괜찮아. 그럴 수도 있지 뭐. 그건 자연적인 현상이야."

엄마가 아는 척을 하자 순간 아들이 당황했다. 하지만 엄마의 음색이 너무나 태연하고 말짱해서 아들도 이내 마음이 열렸다. "와아 우리 엄마 귀신이다. 어떻게 알았어?" 엄마와 아들 사이에 자연스럽게 대화가 이어졌다. 학교에서 그 부분에 대해 얼마나 배웠는지, 그럴 때 기분은 어떤지, 죄책감을 갖거나 불결하다는 생각을 할 필요가 없다는 얘기에 이르기까지 그날 아들과 엄마는 꽤 많은 이야기를 나눴다.

아들에게 엄마는 '아름답고 자연스럽고 편한 성'을 가르쳐주려고 노력했다. 더불어 어른들이 자녀들에게 바라는 점에 대해서도 들려주었다. 무엇보다 강조하는 것은 '성에는 상대방에 대한 배려와 책임'이 있어야 한다는 점.

아들은 엄마가 솔직한 편이라는 걸 잘 알고 있다. 하지만 성문제만큼은 다를 거야, 그 얘기만큼은 뭔가 쉽지 않을 거야 했었다. 그런데 엄마는 성문제에서까지도 솔직하게 대화에 임해주었다. 아들은 그 점이 내심 고마웠다. 엄마하고 진정한 소통이 이뤄지는 듯한 기분이 들었기 때문이다.

어릴 때 아들은 엄마가 집들이 음식을 하느라 땀을 흘리면 얼음봉지를 만들어 와서 엄마 얼굴에 대주곤 했다. 엄마는 아들의 그 다감함을 잘 키워주고 싶었다. 남자 안에는 남성성만 있는 게 아니라 여성성도 있는데 타인을 배려할 때, 사랑하는 사람을 대할 때 그것을 잘 발휘해보라고 일러주었다. 의젓하게 자란 아들은 지금 군에 가 있다.

불편하거나 어려운 것이 없냐고 물으면 늘 괜찮다. 군대가 그렇지 뭐. 다들 나처럼 지내. 나만 힘든 건 없어, 한다. 전화 올 때마다 춥다 배고프다 힘들다 하소연하는 아들 때문에 프라이팬까지 싸들고 면회 가는 이웃 엄마를 보고 엄마는 그제야 깨달았다. 아들 입에서 힘들다는 소리가 한 번도 안 나왔다는 걸. 아들이 씩씩하게 자기조절을 하며 힘든 시기를 극복해가고 있다는 걸.

성인이 된 아들의 성생활이 어떠한지 엄마가 100퍼센트 다 알 순 없다. 엄마는 그저 기본과 원칙을 제시해주고 가치관을 심어 주었다. 그리고 기도할 뿐이다. 아들이 제대로 된 성과 사랑을 알고 있기를, 부디 아는 대로 실천하고 살아가기를.

❤️ 딸에게, 이제 '착하다'는 말은 그만해요

딸의 방

딸은 또래보다 순진하고 마음이 여리다. 극도로 내성적인 아이. 도무지 이 아이 입에서는 성과 관련한 어떤 이야기도 나오지 않는다. 그래서 사춘기 시절부터 엄마는 일부러 아이 마음을 건드리곤 했다.

"학교에서 성교육 받아?"

"으……응."

"뭐 배웠어?"

"……."

"임신과 출산은 배웠어?"

"임신과 출산…… 어…… 배웠어."

"그런 것 배우면 기분이 어때?"

"뭐가?"

딸은 얼굴을 붉히며 등을 돌리려고 했다.

"아니, 그러니까 너는 혹시 마음이 쓸쓸하거나 외롭거나 남자아이를 사귀고 싶다거나 그런 적 없어?"

"(머뭇거리다가) 있지!"

"그럼 어떤 남자애가 와서 사귀자고 하면 어떻게 할래?"

"사귀고 싶지, 그런데 자신이 없지."

사실 내성적인 딸한테는 여기까지 말한 것만 해도 대단한 일이다. 엄마의 솔직담백한 질문에 아이는 자기도 모르게 마음의 문을 열게 된 것이다.

"생각해봐. 네가 어떤 남자애랑 사귀었어. 좋아하는 관계가 됐어. 그애가 널 너무 좋아하니까 손 잡아보고 뽀뽀해보자고 하면 어떻게 할래?"

"글쎄, 음…… 거기까지는 할 수 있겠지."

"그럼 그 다음에 우리 서로 사랑하니까 같이 자자고 하면?"

"음, 그건 안 되지."

대화가 이쯤 되면 딸은 "엄마, 문 닫고 얘기해. 아빠 들어~" 하면서 낯을 붉히곤 한다. 이런 얘기는 남자가 들으면 안 된다는 생각이 벌써 딸아이 마음에 새겨진 것이다.

우리 딸처럼 내성적이고 수동적인 아이는 말로 많이 연습해봐야 한다고 생각해요. 가장 위험한 유형이에요. 왜냐구요? 내성적인 아이는 누군가 자기를 선택하고 다가와 주는 것 자체가 감사해서 쉽게 유혹에 이끌릴 수 있으니까요. 오히려 성에 대해 관심도 많고 이성교제에 적극적인 아이는 성에 대해 더 당당한 태도를 가질 수 있습니다. 그런 아이가 차라리 덜 위험한 선택을 할 수도 있지요. 최소한 자기에 대해서 능동적으로 생각해보았을 테니까요. 그래서 딸과 함께 강도가 약한 상황에서부터 깊은 문제에 이르기까지 점점 강도를 높여가면서 자주 이런 대화를 반복합니다.

딸에게 하는 성교육은 자칫하면 수동적인, 방어적인 성교육이 되기 쉽다. 유아나 초등 자녀를 대상으로 성폭력의 위험과 '안 돼요, 싫어요'를 연습시키는 엄마들 중엔 아들보다 딸을 가진 엄마들이 상대적으로 더 많다. 그러나 여기서 꼭 생각해봐야 할 점이 있다. 다른 모든 면에서는 착실하고 온순하고 엄마 말에 순종하게 하면서 유독 성문제에 있어서만큼은 'NO'라고 말하라고 하면 아이는 실제로 그 말을 하기가 쉽지 않다는 것이다.

남화애씨는 바로 그 점을 강조했다.

그녀의 남편이 내성적인 딸에게 평소 자주 하는 말이 있었다. "우리 착한 딸, 왔어?" "우리 착한 딸, 어디 가?" "우리 착한 딸, 오늘 재미있었어?"

유년시절에는 그러려니 했다. 실제로 딸은 정말 착한 아이였기 때문이다. 착한 애한테 착하다고 하는데 딱히 시비를 걸기도 어려웠다. 하지만 딸이 중학생이 된 후, 엄마는 더 이상 그런 말을 하지 말라고 남편에게 조언했다. 착한 딸은 어른이 보기에 좋은 딸이지 자기 자신을 위해서는 안 좋을 수 있다. 공부만 하라 하고 부모 말만 듣게 할 뿐, 생전 자기 자신이 뭔가를 선택하고 책임져보지 못하게 키운 딸은 이성을 선택하는 문제에서 종종 인생의 실패를 겪게 된다. "그러니 당신, 이제 애한테 '착하다는 말' 그만 해요."

이 엄마는 고등학교 3학년인 딸에게 스타킹과 속옷도 빨게 했다. 교사 엄마 덕분에 할머니 품에서 오냐오냐 자란 딸은 처음엔 당황했고 불평도 했다.

"내 친구 중에 고3인데 스타킹 빠는 애는 나밖에 없어."

그러면 엄마는 단호하게 말했다.

"네 친구들이 잘못 하고 있는 거야. 고3은 밥도 안 먹고 잠도 안 자고 화장실도 안 가니? 이건 기본이야."

자기 주장을 하려면 자기 의무도 다 할 줄 알아야 한다. 책임과 권리를 두

루 연습하고 자라는 아이, 남을 배려할 때와 자기를 주장할 때를 잘 연습하고
자란 아이, 이런 아이가 평생 성생활도 잘 한다고 믿는 엄마. 그러니 성교육
은 생식이라는 한 부위만 딱 떼어서 할 게 아니라 인성교육 속에서 폭넓게 접
근해야 한다고 남화애씨는 강조한다. 나는 이 엄마의 지식보다, 이 엄마의 태
도에 주목했다.

성교육은 '지식'보다 '태도'가 중요하다

발기한 아들에게 엄마는 자연스러운 반응을 보여줬다. 자칫 어색할 수 있는 상황에서, 엄마는 술술 진도를 나가 상황을 반전시켰고 업그레이드시켰다.

'욕망은 자연스러운 본능이다. 하지만 누군가와 나눌 땐 사랑이어야 하고 책임도 생각해야 한다. 사랑을 할 땐 여성을 배려하고 존중해야 한다'에 이르기까지 핵심 성교육이 단칼에 이루어진 것이다.

아들에겐 지지부진 긴 설명이 필요 없었다. 한판에 끝냈다. 반대로 수줍고 내성적인 딸에게는 지속적이고 반복적인 성교육이 이뤄졌다. 딸과 하는 대화의 핵심은 '자기 자신의 마음을 제대로 파악하는 법'이다. '상대가 요구한다고 해서 수동적으로 따르는 것이 능사는 아니다. 내 마음이 원하는 것에 귀 기울이고 그것이 옳은지 판단하고 행동해라.' 엄마는 성을 주제로 한 대화를 자꾸만 걸었다.

어떤 엄마는 정반대로 행동한다. 사춘기 아들이 갑자기 방문을 잠근다고 걱정하는 한 엄마가 있었다. 전문가가 혹시 자위나 몽정을 했기 때문에 그런지도 모른다고 하자 그 엄마가 대번에 하는 말은 "우리 아인 그런 나쁜 짓 안 해요."였다. 이런 엄마는 올바른 '지식'도 없는데다 '태도'까지 나쁘다. 성교육을 하기엔 최악의 부모다. 그런데 의외로 우리 주변엔 이런 부모가 적지 않다. 성이야기만 나오면 한없이 부끄러워하거나 어색해하거나 심지어는 불경시하는 경향도 적지 않다.

EBS 〈60분 부모〉 작가로 일할 때 성교육이 너무나 중요함에도 불구하고

그것을 주제로 삼고 프로그램을 만들기가 참 쉽지 않았다. 성교육은 '올바른 지식'만 갖고 되지 않기 때문이다.

아이가 어떻게 생기는가를 설명하는 데 엄마가 어색하거나 긴장한 표정을 영 감추지 못하면 아이는 엄마의 말뿐 아니라 뉘앙스도 함께 기억하게 된다. 성은 불편하고 어색한 거구나. 아이 마음에 이런 기억도 함께 새겨질지 모른다. 우리가 성교육을 어렵게 생각하는 이유는 단지 '지식'을 몰라서가 아니라 바로 그러한 '태도' 문제에서 그만 딱 걸리기 때문일지도 모른다.

나는 세상 부모가 제대로 된 성교육을 하려면 부모 자신의 성의식, 성태도를 점검해야 한다고 생각했다. 그래서 EBS 〈60분 부모〉에서 한 첫번째 시도는 부모의 성의식을 점검하는 것이었다. 하지만 첫 시도라는 데 만족해야 했다. 민감한 얘기를 돌려서 말하거나 추상적으로 말하니 무슨 얘긴지 알아먹기 쉽지 않았던 것이다.

그로부터 2년 후, 두번째 시도에서는 좀 더 영리한 장치를 해보기로 했다. '책 읽기'를 통한 성교육을 시도해본 것이다. 동화평론가 김서정 선생님이 유아와 어린이를 대상으로 성교육하기 좋은 책을 골라오셨고, 정신과 전문의 하지현 선생님이 부모들의 성의식에 도움말을 주셨다.

책을 같이 읽는 동안, 진행자들과 출연 선생님들이 시종일관 하하 호호 웃으면서 수다 떨듯 이야기했다. '이렇게 자연스럽고 솔직하고 편안한 분위기에서 성교육을 해야 합니다'라는 뜻을 간접적으로나마 부모님에게 전달하려고 했던 것이다. 반응은 좋았다. 많은 부모님들이 책을 문의해오셨고 숙제를 덜은 것 같다고, 큰 도움이 되었다고 했다.

"아이는 어떻게 생겨요?"

"난 왜 아빠를 닮았어요? 엄마가 낳았는데……."

"고추를 만지면 왜 기분이 좋아요?"

우리가 선정하고 소개한 책들은 유년시절 밑도 끝도 없이 아이들이 물어오는 이런 질문에 나름 적절한 대답을 줄 수 있었다.

하지만 여전히 남는 문제가 있다. 유아시절엔 이렇게 '책'을 통해 면피할 수 있다 쳐도, 장차 아이가 자라서 몽정이나 생리를 하고 이성교제를 시작하고, 상대 이성을 너무나 열렬히 좋아하게 되었을 때, 즉 성문제가 '아이의 실제'로 다가올 때에도 부모는 자연스럽게 올바른 성을 이야기해주고 잘 지도해줄 수 있을 것인가.

남화애씨의 말처럼 내성적인 딸이 사춘기가 되면 성이야기를 주제삼아 모의연습하는 것이 필요하다는 '지식'을 알게 됐다 치자. 그래도 실제로 그런 대화를 나누는 것이 불편한 부모는 그 일을 하기가 어렵다. 나는 그래서 남화애씨에게 특별히 더 마음이 끌렸다. 그녀를 통하면 성이야기가 그다지 어렵거나 곤란해지지 않았다. 한결 투명해지곤 했다. 비결이 뭘까.

남화애씨는 엄마 자신이 살아오면서 겪은 성생활 성환경 성경험을 두루 되돌아보라고 권한다. 부모의 성의식이 정립되어 있지 않으면 성교육은 매번 혼란을 빚고 난해해질 수밖에 없다는 것이다. 아이가 성기 만지는 것을 어느 날은 이해했다가 어느 날은 불편해한다든지, 불륜 드라마를 보면서 하루는 '부럽다'고 생각했다가 하루는 또 '나쁘다'고 생각한다든지. 엄마 자신부터

동화평론가 김서정 선생님이 추천한
아이와 재미있게 읽을 수 있는 성교육 그림책

엄마가 알을 낳았대 배빗 콜 글·그림 | 보림

'엄마 아기는 어떻게 생겨요?'에 답을 줄 수 있는 그림책. 어른은 성에 대한 설명이 어려워서 거짓말을 들려주기도 하는데 반해 아이들은 명료하고 분명한 설명을 원한다는 점을 암시하는, 기분 좋게 읽을 수 있는 책.

아빠한테 튜브가 있고 엄마한테는 작은 구멍이 있어서 아빠 몸의 씨와 엄마 몸의 씨가 만나 아기가 된다는 것과 그 과정이 소년소녀가 놀이 공원에서 재미나게 노는 것처럼 엄마 아빠가 재미있게 노는 과정으로 묘사한 그림 설명은 특히 압권이다.

윌리는 어디로 갔을까 니콜라스 앨런 글·그림 | 럭스미디어

아이들에겐 과학적인 설명도 필요하다. 수학은 못하는데 수영은 아주 잘하는 아이의 유전적인 비밀을 재미난 이야기와 그림으로 표현했다. 정자, 난자, 수정 과정이 한 편의 드라마처럼 수려한 이야기 솜씨 속에 녹아 잘 설명되고 있다.

콧구멍을 후비면 사이토 타카코 글·그림 | 애플비

우연찮게 성기를 만지기 시작한 아이, 좀처럼 그 행위를 그치지 못하는 아이와 함께 읽으면 좋을 그림책. 성기만 따로 떼어 설명한 것이 아니라 콧구멍 손가락 발가락 등 신체 온갖 부위를 예로 들어, 한 가지만 너무 무리하게 많이 사용하면 아프거나 훼손될 수 있다는 점을 아이들 눈높이에 맞춰 잘 풀어놓았다.

성에 대해 혼란스러운 경우가 많은데 이러면 입으로는 어떤 성교육을 '말'하든 아이들은 내심 혼란스러워진다는 것이다.

부모부터 성에 대해서 어떤 가치관이나 원칙이 있어야 합니다. 그래야 내 아이가 성에 대해서 이러한 방향으로 다가갔으면 하는 바람(비신앙인)도 가질 수 있고 기도도(신앙인) 할 수 있는 것이죠. 그런 기본 틀도 없으면서 아이가 그 부분에 대해서 건강했으면 하고 바라는 건 막연하고 무책임하지 않을까요?

♥ 당당함이 빛나는 엄마

"에그머니 이게 뭐야."

경기도의 한 고등학교. 방금 전 수업 시작을 알리는 벨과 함께 커다란 두 눈에 보조개가 예쁘게 팬 보건담당 선생님이 교실에 들어오셨다. 선생님의 두 손에 교재와 교구가 한가득 들려 있다. 분단별로 교구를 나눠 갖고 펼쳐본 학생들은 화들짝 놀랐다. 몇몇 여학생은 쑥스러워 입을 가리고 남학생 몇은 어색하니까 자꾸 키득거렸다. 책상 위에 놓인 건 나무로 만든 남자 성기 모형, 선생님은 콘돔 제대로 끼우는 방법을 설명해주실 참이다.

아, 처음부터 대뜸 이런 교육을 하는 건 아니죠. 교육청 지시사항으로 10차례 의무 성교육수업을 해야 합니다. 그중 한 가지로 실제적인 피임교육을 합니다. 아이들은 인터넷 등에서 많은 정보를 알고 있는 듯하지만 흥미 위주의 검색을 많이 하기 때문에 제대로 알고 있는 성지식은 생각보다 적습니다.

2008년 한국청소년정책연구원이 전국 남녀 중고생 2,368명을 대상으로 설문조사해 작성한 「청소년 성의식 및 행동실태와 대처방안 연구」 보고서에 따르면 성관계 경험이 있다고 응답한 학생 비율은 4.1퍼센트였다. 그녀는 4.1퍼센트의 학생들에게 꼭 필요한 것이 피임교육이며, 청소년들과 상담한 바에 따르면 실제 수치는 그보다 더 많을지도 모르겠다고 이야기했다.

물론 교육청에서 피임교육을 해도 좋다는 허가가 나왔지만 모든 교사가 이런 수업을 감행한 것은 아니다. 부담스러워하는 교사는 이런 수업을 어물쩍 넘어가기도 했다. 하지만 남화애씨는 달랐다. 누구보다 발빠르게 수업을 진행했다. 왜? 아이들에게 필요하니까!

약간의 술렁거림이 있긴 했지만 아이들은 무리 없이 피임의 필요성과 콘돔 사용법을 배웠다. 초롱초롱 모두들 집중력 짱이다.

남화애씨의 수업은 이제부터 본격 시작된다.

"사랑하는 이성친구와 잠을 자고 아이를 갖게 되었을 때 어찌할 것인가를 생각해보자~."

임신했을 때 벌어질 수 있는 여러 상황들이 남화애씨의 생생한 리드로 실감나게 전개된다. 일종의 시뮬레이션 수업이다. 토론이 곧 시작되었다. 우스갯소리도 나오고 진지한 대답도 나온다. 아이들은 남의 생각도 알게 되고 내 생각도 점검하게 된다.

결론은? 물론 버킹검이다(^^). 아, 경솔하게 성행위를 하면 안 되겠구나. 성행위에는 정말 막중한 책임이 따르는구나.

그래도 누군가는 오늘밤 이성친구와 잠을 잘지도 모르죠. 실제 상황이 되면 아이들은 낮의 수업을 잠시 떠올릴 순 있어도 당장 내 눈앞의 유혹에 질 수도 있으니까요. 그래서 피임법은 사춘기 아이들한테는 필수입니다. '절대 안 돼.' '하지 마!' 말만 할 게 아니라 대안도 줘야 해요. 그것이 교육이고 아이를 보호하는 방법입니다.

명랑솔직 바이러스를 가진 교사

나는 시사다큐멘터리 작가를 할 때 처음 그녀를 만났다. 청소년 성교육의 현실을 진단하는 취재 다큐멘터리였다. 예상은 했지만 생각보다 훨씬 더 많은 청소년들이 성문제로 심각한 갈등 속에, 위험 안에 놓여 있었다. 그 아이들 중엔 어릴 때 '음낭이 뭐고 음순이 뭐고 아이는 어떻게 만들어지나' 등 기초 성교육을 받은 아이들도 적지 않았다. 하지만 유년시절의 성교육은 머지않은 아이 인생에서 별반 힘을 발휘하지 못했다. 그러니 유아를 키우는 엄마들이여, 지금의 성교육은 극히 일부이고 시작에 불과하다는 점을 꼭 기억하시라.

그렇게 다큐멘터리를 제작할 때 만난 남화애씨. 화사한 차림, 미모의 이 여교사는 낭랑한 목소리로 어찌나 명료하게 성교육 수업을 잘 이끌어가던지 그 모습이 참 인상적이었다. 그녀가 퍼뜨리는 '명랑 솔직 바이러스'는 자칫 어색하거나 무거울 수 있는 성교육 수업을 한 시간 내내 밝게 만들었다. 그녀의 가르침은 고등학생뿐 아니라 당시 유아를 키우는 나 같은 엄마에게도 유효하다는 생각이 들었다.

성교육의 전모를 이해하고 있어야 나침반을 들고 지도를 그릴 수 있을 것 같았다. 그리고 지도 전체를 볼 수 있어야 유아를 가진 부모에게도 정도와 범위를 알려줄 수 있을 것 같았다. 그래서 난 유아 성교육을, 유아 성교육 전문가가 아니라 아이를 다 키워내신 남화애씨에게 들어야겠다고 생각했다.

책을 기획하면서 그녀에게 연락을 했을 때 뜻밖에도 그녀는 좀 곤란해했

"

다. 무엇보다 달인 엄마라는 타이틀이 부담스럽다고 했다. '난 좋은 엄마가
아닌데……' 그것은 이 책에 실린 거의 모든 엄마들이 한결같이 보였던 반응
이었지만 남화애씨의 망설임은 좀 더 오래 지속됐다. 난 이 책의 취지를 열
심히 설명했고 선생님께는 성교육에 관련한 이야기를 중점적으로 듣고 싶다
고 설득했다. '까짓것 합시다.' 얼마간의 시간이 지난 후, 그제야 선선한 대
답이 왔고. 드디어 남화애씨를 만날 수 있었다. 그녀는 엄마로서 잘한 일보
다, 먼저 자신의 시행착오와 과오(?)를 예의 그 솔직한 성품대로 시원시원하
게 고백했다.

이제부터 할 이야기는 남화애씨가 들려준 '고난의 자식 키우기'의 일부 사
례이며, 아울러 엄마가 눈물로 써 내려간 '양육 수행문'이다.

❤ 당당한 엄마의 양육 수행문

남화애씨는 일하는 엄마다. 시어머님이 어릴 때부터 남매를 돌봐주셨다. 꼼꼼한 시어머님은 남매의 수발을 정말 정성껏 들어주셨다. 일일이 떠먹여주고 안아주고 입혀주고 지극정성으로 아이들을 돌봐주셨다. 부부는, 특히 독립심이 강한 엄마는 속으로 '계속 저렇게 키우면 안 되는데' 생각이 들었지만 실제로 양육의 전권을 시어머니께 드린 이상 앞으로 나서기도 어려웠다. 사실 양육권을 누가 누구에게 줬다기보다 자연스럽게 그리 되었다는 것이 맞는 말일 게다. 부부는 자녀양육에 있어서 경계선에 선 것 같았다. 오히려 할머니가 폭 감싸고 도는 바람에 남매 버릇이 나빠질까봐 좀 먼발치에서 떨어져 아이들을 지켜보거나 주로 '안 돼' 소리를 도맡는 엄부 엄모 역할을 맡았다.

중학교 3학년 때, 공부도 잘하고 부모 기대를 늘 잘 채워주던 아들이 사춘기가 되면서 할머니의 애정 어린 잔소리를 힘들어하기 시작했다.

이거 해라, 그거 다 하면 저거 해라, 끝없이 이어지는 애정 공세에 남자아이는 적응하기 힘들어했다. 그러다 욱하면 할머니한테 직접 대들 수 없으니까 액자를 주먹으로 쳐 구멍을 내놓기도 했다.

"사춘기 남자아이의 눈빛이 달라지면 건들지 말아야 하는데 어머님은 그걸 모르셨던 거죠."

특히 아들이 컴퓨터 게임을 할 때면 교육에 열정적인 시어머님은 그걸 지켜보는 걸 너무 힘들어하셨다. 컴퓨터 게임 때문에 손자와 할머니 사이에 감정싸움이 점점 커졌다.

둘의 갈등을 지켜보는 부모의 고민과 번민도 점점 깊어졌다. 이 고리를 끊을 수 있는 환경의 변화가 절실했다. 부부는 결국 아들을, 평소 잘 아는 지인이 있는 남아프리카 공화국으로 보냈다. 속 모르는 남들은 조기유학이라고 불렀지만, 부모에겐 위험 요소도 적잖이 커 보이는 '속 타는 유학 보내기'였다. 아들이 과연 잘 해낼 수 있을까. 혹시 더 나쁜 상황이 되어 돌아오는 건 아닐까. 눈물 어린 바람, 간절한 마음으로 엄마는 멀리 나간 아들을 위해 기도했다.

유학은 일단 성공적이었다. 아들은 우선 마음이 많이 커서 돌아왔다. 자신의 성격과 장·단점에 대해서도 많은 고민과 발견을 할 수 있었다고 했다. 모든 일을 스스로 판단하고 꾸리는 외국 생활을 통해 더욱 자립적이고 건강한 남자가 되어 돌아온 것이다. 남아프리카 공화국의 맑은 공기 속에서 평소 앓던 천식까지 치유되어 돌아온 건 차라리 덤이라고나 할까. 술과 담배의 유혹도 많았지만 해보니 내게 맞지 않는 것 같다며 선택하지 않았노라고 말하는 아들이 엄마는 너무 대견했다.

두번째 어려움은 딸이 중학교에 입학하면서 왔다. 착하고 여리고 내성적인 딸. 중학교 1학년이 되면서 아는 친구가 하나도 없는 반에 배정되더니 의기소침해지기 시작했다. 왕따가 아니라 일종의 '스따', 친구들 사이에 섞이지 못하고 스스로를 고립시키는 아이가 된 것이 아닌가. 3월에, 5월 소풍 때 같이 갈 짝이 없는 것 같다고 고민했다는 딸. 학교에 찾아가 교사와 상담하고 아이와 대화하면서 엄마는 참 많은 눈물을 흘렸다. 아이가 외로움이란 병에 갇힌지도 모르고 학교 연극반 지도한다고 정신없이 살았던 자신이 너무 미안했다.

딸을 향한 엄마의 기도 주제는 한 가지였다.

친구 사귀는 것!

성적이 잘 안 나와도 좋다. 대학 가기 어려우면 안 가도 좋다. 그냥 맘 편하게 친구들 사이에 잘 섞여 들어가 즐겁게 살아다오.

상담교사 공부를 그 무렵에 시작했다. 학교에서 말이 없거나 내성적인, 그래서 있는지 없는지도 모를 여학생들을 보면 딸 생각이 나서 눈물이 났다. 그 아이들이 자꾸 눈에 밟혔고 그래서 한 번이라도 더 말을 건네려고 노력했다. 학교 안에서 있는 듯 없는 듯, 누군가의 눈길 한 번 받지 못하고, 이름 한 번 불리지 못하고 졸업하는 아이들이 있다는 사실을 깨닫게 되었다. 이 무렵 남화애씨는 교사로서도 엄마로서도 참 깊어졌다고 했다. 딸과 함께 성격유형 테스트도 받고 자기 자신을 알아가는 일에도 정성을 다했다.

돈으로도 힘으로도 부모 머리에 든 지혜로도 안 되는 것이 자식 문제구나…… 사방이 멀쩡한데 저 혼자 비 내리는 땅에, 제 발로 들어선 딸! 엄마는 그 딸 옆에서 때론 우산을 받쳐주고 때론 같이 비를 맞으면서 '함께 공감해주려고' 노력했다. 언제나 당당하고 자신감 넘쳤던 엄마로서는 참 쉽지 않은 일이었다. 엄마는 내성적인 딸로 인해 인생을 다시 볼 수 있었다. 큰 기원이 아니라 작은 기원을 할 줄 아는 사람이 되었고, 아이와 눈높이를 조절하면서 교만을 내려놓을 줄 아는 사람이 되었다.

엄마가 이렇게 낮아지자 아이가 일어서기 시작했다. 아이는 점차 건강해졌고 친구들과 어울리기 시작했다. 대학은 무슨 대학, 그냥 행복하게만 살아다오 했는데 딸은 대학을 가겠노라고 선언하더니만 공부도 제법 열심히 하기 시작했다. 엄마 기도가 한 가지 더 늘었다.

친구와 함께 공부하기!

아들과 딸은 사춘기에 각자 한 번씩 위기를 겪은 셈이다. 그러나 건강한 부모가 아이를 믿어주고 그 옆을 지켜주자 곧 회복될 수 있었다. 어려움을 극복하고 나자 이제부터 엄마의 솜씨가 발휘되기 시작했다. 바쁜 엄마, 아이들 어린 시절엔 솔직히 큰 도움을 주지 못했다. 그러나 아이들의 머리가 굵어지고 여물어지면서 엄마는 정말 훌륭한 대화 파트너, 상담 파트너가 되어주었다. 남화애씨는 중년이 되어서 엄마 노릇의 전성기를 맞게 된 것이다.

할머니의 지극한 사랑은 어린 시절 남매에게는 젖과 꿀이었다. 그러나 남매가 자라나면서 양육방식은 엄마가 이끄는 대화, 즉 상담과 소통이라는 형태로 전환되었다. 할머니의 사랑에서 엄마의 사랑으로 그 흐름이 훌륭하게 이어진 것이다.

물론 초기엔 부작용도 좀 있었나보다. 할머니 품에서 응석 부리며 자란 남매에게 엄마의 '독립적인 삶' 연습하기 방침은 당연히 좀 힘들었을 것이다. 엄마는 그래도 하나도 기죽지 않고 응수한다.

"너희들이 자식이니까 어떻게든 대학 보내고 뒷바라지 해주겠지 라고 생각하지 마. 정 안 되겠다 싶으면 엄마는 차라리 우리 학교에서 공부 잘하고 형편 어려운 학생을 뒷바라지 할 수도 있어."

이 집 남매는 잘 안다. 엄마가 그러고도 남을 사람이라는 것을. 아, 아이들 앞에서 이처럼 당당할 수 있는 이 엄마가 난 진정으로 부럽다.

성교육은 '사랑고파'병을 치유하는 일이다

◉ **성과 죽음! 정말 부모를 난처하게 하는 질문이다. 아이가 뭘 물어와도 다 대답할 수 있다고 자부했었는데 유독 이 두 가지 주제에 관한 질문이 나오면 버벅거리게 된다.**

'성'도 그렇고 '죽음'도 그렇고 부모가 이 주제에 대해 나름의 가치관을 갖고 있으면 좋겠다. 아이 낳을 때 라마즈 호흡법을 잘 배워둔 사람이 실제로 출산시에 큰 도움을 받지 않는가. 그처럼 미리 연습하고 공부하고 생각해두는 일이 참 중요하다. 성과 죽음, 인생의 핵심이지 뭐.

◉ **EBS 〈60분 부모〉의 기획 회의를 할 때 나는 '성교육·경제교육·관계교육, 이 세 가지는 지속적으로, 자주, 다뤄야 한다!'고 주장했다. 인생을 살다보니 '국·영·수'보다 그것이 더 중요하더라. 그런데 방송에서 그 주제를 다루려고 하니까 전문가도 많지 않고 내용 꾸미기도 쉽지 않았다.**

맞다. '성교육·경제교육·관계교육'이야말로 인생의 핵심 교육이다. 외국은 똑똑하고 센스 있고 활동적인 일명 알파걸들이 실제로 연애도 잘하고 돈도 잘 다루고 인간관계도 잘한다는데, 우리나라 알파걸들 중에는 연애도 잘 못하고 돈 감각, 인간관계 지수가 부족한 사람들이 적지 않다. 이런 자녀들은 결혼하고 나서도 정답이 없다고 징징대거나 힘들어한다. 국영수만 중요하다고 하고 그것만 열심히 가르친 결과다. 우리가 인생의 핵심교육을 놓치고 있는 건지도 모른다. 안타깝다.

나에게 성은 밝고 환하고 재미있고 멋진 그 무엇이다. 어릴 때 내가 자란 곳 주변에 미군부대가 있었다. 우연히 부대 파티에 몇 번 어른을 따라간 적이 있었는데 예쁘고 화려한 여성들이 많았다. 잘 차려입고 예쁘게 화장을 한 여성들이 남성과 동등하게 술을 마시거나 담배를 피우는 모습이 신기해 보였다. 어릴 때니까 그게 뭘 의미하는지도 모르고 막연하게나마 화려해 보이고 풍요로워 보였다. 길거리에도 젊고 예쁜 여자들이 많았다. 70년대니까 우리 사회는 무채색에 단조로운 풍경이지 않았겠는가. 생활이 흑백 화면이라면 그곳 모습은 총천연색 화면이었다고나 할까. 상대적으로 컬러풀한 그 분위기가 자유라고 생각했던 것 같다. 여하튼 내 인생 초기에 형성된 성 이미지는 막연하게나마 힘 있고 화려해 보였으며 양성 평등적이었고 긍정적이었다.

딸 셋에 내가 셋째이고 내 밑으로 남동생이 있었다. 3대독자 외아들이다. 언니들은 나이차도 있고 하니까 많이 양보하는 편이었는데 난 동생과 늘 치열하게 맞붙어 싸우는 편이었다.

집안의 모든 관심과 혜택이 남동생에게 집중되는 것이 힘들어서 아주 열심히 투쟁을 하며 자랐다. 눈치는 오죽 빨랐겠는가. 뭔가 동생에게 좋은 게 간다고 생각되면 엄마한테 심술피우고 무던히도 괴롭혔다. 하루는 학교 갔다 왔는데 엄마가 아프다고 누워서 동생 밥상을 차려주라고 하는 거다.

● 그래서 차려줬는가.

당연히 안 차려줬지. 왜 아들은 언제나 차려서 받쳐야 하냐고 억울해서 막 울고 그랬다. 성차별을 일찌감치 몸으로 체감하고 양성평등의 필요성을 느꼈던 것이다. 그 감정이 아마 나를 명료한 성향, 강한 성품으로 단련시켰던 것 같다. 주눅들지 않고 내게 가해오는 차별에 온몸으로 대항했던 것 같다. 우리 엄마는 악바리 같은 셋째 딸 때문에 속 좀 상하셨을 테지만. 화려한 성, 억울한 차별감. 두 가지가 나를 성교육 강사로 세운 것 같다.

● 성교육을 시작해야 할 시기는 언제일까.

아이 입에서 질문이 나오면 그때가 적기라고 생각한다. 아이 나이와 정서를 고려해서 간결하고 명확하게 하는 게 좋다.

● 특별히 어린이 성교육의 기본 요령을 가르쳐주신다면.

한 번에 마칠 일이 아니라 여러 번 반복해서 설명하게 될 일이라고 생각하자. 아이는 단지 생식이 궁금해서 물어볼 수도 있다. 궁금해하는 부분만 말해주고 그 이상으로 너무 과하게 많은 것을 설명하지 않는 편이 좋다.

● 유아기에 병원놀이를 하다가 남자아이, 여자아이가 서로의 생식기를 노출하고 이것이 부모갈등으로 비화되는 일도 종종 있다. 어떻게 해야 하나.

아이들은 그저 놀이와 장난을 했을 뿐이다. 누구든 이 시기에 그런 일에 연루될 수 있다. 부모가 먼저 아이들 놀이는 놀이일 뿐이라는 생각을 가져야 한다. 다만 '고추 드러내놓고 누가누가 멀리 오줌 싸기'나 '뉘여놓고 생식기 들

유아 성교육 이렇게 해보세요

⊙ 영아기

많이 안아주고 스킨십도 자주 해주자. 충만한 애정을 느끼게 해주는 것이 이 시기에 꼭 필요한 성교육이다. 가능한 모유수유를 하고 대소변 가리기를 지나치게 엄하게 하지 않는 것도 중요한 성교육이 된다.

⊙ 유아기

안아주기와 스킨십은 여전히 중요하다. 담요나 털인형같이 특정 대상에 집착하는 것은 일종의 사랑고파 증세다. 이럴수록 더 많이 안아주자.

3~4세일 경우엔 난자 정자 굳이 말하지 않아도 된다.

"아기는 어디서 오지?"

"엄마 뱃속에서."

"어떻게 나와?"

"열 달 있다가 엄마 뱃속에서 나오지." 정도만 말해줘도 된다.

5~6세 이상이 되면 엄마 뱃속에 아기가 자라는 방이 있고 때가 되면 아기가 나오는 길로 나온다고 답해주자. 어떤 아기는 길로 나오지 않고 배를 조금만 째서 나오기도 한다고 말하면 아이는 '아프지 않냐' 고 물어본다. 조금 아프지만 사랑하는 아기가 나오는 일이기 때문에 충분히 참을 수 있다고 말해주자. 너무 아프다고 겁을 줄 필요는 없다.

＊유아시기부터 사랑하는 사람에겐 다정하게 말 건네기, 잘 대해주기를 가르치는 것도 중요한 성교육이다.

여다보기'처럼 지나친 놀이를 할 경우엔, 생식기는 너무나 소중하고 귀한 것이니까 그렇게 장난의 대상으로 하면 안 된다고 일러주고 다른 놀이로 관심을 전환시켜주자.

우리 딸은 아주 내성적이었다. 그래서 일부러 아이 질문보따리를 툭툭 건드려보곤 했다. 예를 들어 유아 때 침묵하는 아이는 부모가 가볍게 지나가는 말처럼 '우리 OO는 어디서 왔을까' 식으로 질문을 유도해볼 수도 있다. TV에서 임신부가 나오면 '저 아줌마는 왜 배가 부를까' 식으로 말할 수도 있겠다. 그러나 웬만하면 기다리는 것이 좋다. 아이 입에서 궁금증이 나오기 전에 앞서 나갈 필요가 있을까 싶다.

평균적으로 그 시기쯤이면 초경과 몽정을 하고 사춘기가 시작된다. 이 또래의 아이들이 오히려 아무 생각 없이 성에 노출될 우려가 있다. 영국에선 초등학생을 상대로 '아이 키우기'란 프로그램을 한다. 아이를 대신한 인형을 돌보는 프로그램인데 인형 안에 체크리스트가 내장되어 있다. 아이들은 돌아가며 순번대로 그 인형을 집에 가져가서 돌봐야 한다. 인형은 시간에 맞춰 배고프다고 울고 기저귀 갈아달라고 울고 안아달라고 한다. 엄마들이 아이 돌보는 일련의 과정이 인형 안에 녹음되어 있는 것이다. 아이는 그 인형이 요구하는 대로 잘 돌봐야 한다. 만일 인형을 방치하면 기록에 다 남아서 점수를 받지 못하게 된다. 우리나라에도 이런 교육방법이 생기면 좋을 것 같다.

가정에서는 '계란아이 키우기'를 해보면 좋을 것 같다. 생달걀을 잘 돌보게 하는 것이다. 7,8세나 초등 저학년부터 해도 좋을 것 같다. 깨뜨리지 않고 일주일을 데리고 살도록 해본다. 곤충 기르기나 다마고치 게임, 강아지 키우기와 달리 '계란'은 내게 별반 즐거움도 안 주는 대상이지만 정성껏 돌봐야 하는 그 무엇이다. 생명 돌보기에 대한 느낌을 주자는 것이다.

초등 성교육 이렇게 해보세요

초등 저학년

유아기보다 제법 구체적이고 정확한 지식을 알고 싶어한다. 이 시기엔 부모가 설명해주기 곤란하면 그림책을 같이 읽는 방식으로 성지식을 주는 것이 좋겠다.

동화평론가 김서정 선생님이 추천했던 『엄마가 알을 낳았대』나 『윌리는 어디로 갔을까』, 『콧구멍을 후비면』(＊이 책은 좀 더 연령이 어린 나이부터 읽힐 수 있겠다) 같은 책을 같이 읽으면 적절한 성교육이 될 것 같다.

초등 고학년

몽정이나 월경을 설명해주고 이것이 자연스러운 현상임을 알려주자. 남학생은 자신의 체구가 작거나 목소리 변성이 안 되는 점, 여학생은 생리시기가 늦어지거나 가슴이 작은 것에 불만을 품을 수 있다. 사람마다 개인차가 있다는 것, 열등하거나 우월한 개념이 아니라는 것을 잘 일러주자.

사춘기엔 정말 너무나 많은 것이 변하는 시기다. 하루에도 열두 번씩 내 자식 맞나 의심하는 지경이 올 것이다. 아이의 심리적 독립, 즉 방문을 닫거나 혼자 있고 싶어하는 점을 존중해줄 수밖에 없다. 외모에 대한 고민도 심해지고 이성에 대한 관심도 많아진다. 외설스러운 사진을 자기들끼리 돌려봤을 수도 있다. 아이들은 이제 알 만큼 아는 나이가 된 것이다. 책임은 지지 못하지만 이미 알 건 다 아는 나와 같은 인성을 가진 사람들이라고 생각하자.

사춘기엔 사춘기로 대접해주는 걸 제일 좋아한다. 자기가 아프다고 소리를 지르는 거니까 그래 너 많이 아프지, 공감해줘야 한다. 사실은 호르몬 작용 때문이지 않은가. 엄마 입장에선 힘들다. 새벽 2시까지라도 아이가 원하면 대화해줘야 하고 골내면 모르는 척도 해야 한다. 하지만 엄마라고 모든 걸 다 감내하기는 어렵다. 사춘기 자녀에겐 솔직한 엄마 진심도 보여주자.

'너 도대체 왜 그러니'라는 건 너무 쉬운 말이다. 이는 말귀를 알아듣고 자아가 생기기 시작하는 유아들에게도 마찬가지라고 생각한다. 아이들이 생각하기에 엄마는 완벽하고 엄마는 다 가졌고 엄마는 칼자루를 쥔 사람이기 때문에 그 말이 자칫 아이들에게 반감을 갖게 할 수 있다.

'너도 나를 이해해다오. 엄마도 갱년기야. 너는 자라는 나무지만 엄마는 시들어가는 꽃이야. 엄마도 사춘기 때 힘들었어. 공부하는 게 너무 힘들어서 목욕탕 가서 물 틀어놓고 운 적도 많았단다.' 이런 허심탄회한 이야기를 하면 아이들이 좋아한다. '정말? 마녀 같은 엄마도 나처럼 힘들었구나. 내가 지금 사춘기이고 공부하는 게 힘들어서 죽겠는데 나만 그런 게 아니라 엄마도 그랬다네.' 이런 생각 때문에.

그럴 때 '그래도 넌 훌륭해. 난 네 나이 때 너만큼도 잘하지 못했었단다'라고 말해주는 것도 때론 필요하다. 아이가 괜한 적대감을 누르고 좀 상냥해진다.

물론 노력했다. 우리 집에선 표면적으론 남녀차별이 없어 보인다. 그런데 참 이상하지? 아들한테 은근히 더 마음이 가고 신경이 쓰이는 건 뭐란 말인가. 아들을 키우면서 뼈아픈 자기 검열도 많이 했다. 내가 엄마한테 빠득빠득

아들의 자위행위를 알게 되었을 때 어떻게 처신해야 할가

모르는 척 넘어가주는 것도 필요하다. 너무 과하다 싶어 보이면 슬쩍 "네 방에 휴지 갖다놓은 거 있지?" 하거나 "우리 아들 요새 휴지를 너무 많이 사용하시네용." 하는 식으로 엄마가 다 알고 있는데 다만 넘어가줄 뿐이라는 사인을 넌지시 주는 것도 좋겠다. 심한 아이들의 경우 한밤에 여러 차례 해서 코피 흘리는 경우도 왕왕 있기 때문이다.
그 문제를 갖고 대화할 수 있는 상황이 되면 "네가 그러는 건 정상적인 과정이야. 그런데 100미터 달리기를 전력 질주하는 것만큼 에너지가 많이 든대. 너무 자주 그러면 건강을 해칠 수도 있으니까 몸이 준비할 시간을 주면 어떨까?"라고 말해주자.

대들면서도 남자애니까 뭘 더 해줘라, 챙겨주라 하셨던 부모님 말씀에 내가
은근히 물들어 있지 않나. 그걸 깨닫고 얼마나 놀랐는지 모른다.

양성평등 교육도 당연히 성교육 안에 포함된다. 현재 젊은 부모들은 양성
평등을 교육받은 첫 세대라고 할 수 있다. 하지만 이는 머리로, 의식으로 받
아들인 것이지 경험으로 터득한 것은 아니다. 이들이 자란 가정은 여전히 엄
마보다는 아빠가, 여동생이나 누나보다는 오빠나 남동생이 대접받던 환경이
었으니까. 그러니 경험으로 터득한 남아존중 사상이 양육태도에서도 드러날
수밖에 없다. 물론 요즘 세상에 드러내놓고 그러지는 않더라도. 때문에 학교
에서 선생님이 '양성평등'을 말한다 하더라도 대부분 남자아이들은 그걸 '귀
로 들어 그냥 아는 얘기'로 받아들인다. 그러다가 내 얘기가 되면 '적응이 안
되는 얘기'가 되는 수밖에. 이런 애들이 커서 누군가의 남편이 되는 것이다.

유아기부터 시작되는 남녀구별 교육, 예를 들어 남자아이에게 '울지 마',
여자아이에게 '조신해야지' 이런 말이 남녀차별의 시작이다. 남자아이도 울

수 있다. 남자아이도 조신해야 할 땐 조신해야 한다. 여자아이도 때론 울음을 참아야 하는 상황이 생기며 조신하지 않아야 할 때도 있는 것처럼.

■ 진정한 양성평등이란 사람 안에 있는 양면성, 즉 남성성과 여성성을 조화롭게 잘 발달시켜가는 것이다. 미국의 레너드 삭스 박사는 이 부분에 대해 흥미로운 얘기를 했다. 남자아이 뇌 발달과 여자아이 뇌 발달 과정이 다르게 전개되므로 각각에 맞는 구별 교육이 필요하다는 것이다. 그는 여자아이에게 트럭을 주고 남자아이에게 인형을 주었더니 결국 여자아이는 트럭을 이불 안에 넣어두고 돌보는 놀이를 했고 남자아이는 인형을 갖고 공격놀이를 하고 있더라는 점을 지적했다. 물론 시몬느 드 보봐르의 주장대로 이 아이들은 이미 성역할을 배운 것이라고 반박할지도 모르겠다. 그러나 레너드 삭스 박사는 남자아이 뇌 속엔 남성성이 여자아이 뇌 속엔 여성성이 비율적으로 더 많으므로 아들은 아들답게 딸은 딸답게 교육받고 길러지는 것이 아이들을 더 행복하게 하는 것이라고 주장한다.

한 예로 그는 소설 『제인 에어』를 읽힐 때 소녀들은 처음부터 줄거리를 잘 따라가지만 소년들은 중간에 미친 여자의 괴성이 들리는 지점부터 읽게 해야 그 소설에 몰입할 수 있다고 말한다. 성의 차이를 곧바로 성 차별로 연계시켜 생각하는 버릇이 있는 우리나라 경우엔 조심스러운 이론이기도 하지만, 여하튼 아들은 아들답게 딸은 딸답게란 말은 21세기 본격적인 뇌 과학 시대가 열리면 좀 더 다양한 방식으로 논해질 것 같다. 아직 우리는 그 일부만 알고 있을 뿐이다.

● **자녀를 대상으로, 또 학생들을 대상으로 시뮬레이션(모의 상황 설정) 형태의 대화를 많이 하시더라. 구체적으로 어떻게 하시나.**

성을 다면적으로 그리고 객관적으로 보게 하려고 대화기법을 많이 쓴다. 예를 들어 이성에 대한 선택 교육이란 게 있다.

'내가 이성교제를 하는데 가족의 반대에 부딪쳤다. 그때 난 어떻게 할 것인가?' 이런 질문을 던졌다고 하자. 아이들은 그제야 아! 이럴 수도 있겠구나, 생각하게 된다. 자기한테 평생 이런 상황이 생길 거라고 짐작도 못하는 아이들이 거의 대부분이기 때문이다. 그러면 더 구체적인 이야기가 시작될 수 있다. 엄마가 반대하는 이유는 과연 뭘까? 아빠가 반대하는 이유는 과연 뭘까? 반대로 엄마가, 혹은 아빠가 좋아하는 나의 이성은 어떤 유형의 사람인가. 물론 선택은 아이 자신이 하는 것이다. 다만 이런 모의 연습과정을 많이 거쳐보면 나중에 좋은 선택을 하는 데 도움이 된다.

● 이건 어릴 때부터 시작해도 좋겠다. "네가 좋아하는 여자(남자)친구는 성격이 어떤 사람이야?" 묻기도 하고, 엄마는 "마음이 따뜻한 여자(남자)가 좋더라, 너는 어때?" 이렇게 부모가 원하는 이성상도 슬쩍 흘려주고.

그렇지. 자라면서 대답도 자꾸 변해갈 것이다. 부모와 자녀가 서로 마음 준비하는 과정이 될 것이다. 사실 이런 얘기 한 번도 안하다가 어느 날 짠! 자녀가 이성을 데리고 왔을 때, 더구나 전혀 맘에 안 드는 이성을 데려왔을 때 당황하는 부모가 많다. 이성에 대한 이야기는 결국 네 사랑에 올바른 방향을 제시해줄 대상이 부모라는 걸 은근히 심어주자는 거다.

성이 문제가 되는 아이들을 가만 보면 원인이 '사랑고파' 병인 경우가 많다. 요즘 한부모 가정이 늘고 있다. 살다보면 사실 불화를 겪거나 부부가 이혼하는 경우도 있다. 한부모가 되더라도 부모 한쪽의 정성어린 사랑을 받으면 괜

아빠가 할 수 있는 성교육

사춘기 아들에게

아들의 몽정이나 자위는 사실 엄마보다 아빠가 얘기해주는 것이 좋다. 엄마가 다 큰 아들을 상대로 너무 깊숙이 개입하는 것은 바람직하지 않다. 때론 모른 척 넘어가주는 것도 미덕이다. 마찬가지로 아빠도 딸의 생리현상을 너무 아는 척하지 않는 것이 좋을 수도 있다. 어떤 집은 아빠가 딸의 첫 생리에 꽃다발과 케이크를 사서 축하해줬다고 하는데 그걸 되레 거북해하는 아이도 있다.

아들한테는 동성의 입장에서 유대감을 살려서 '나도 이럴 때가 있는데 너도 그러니?' 혹은 '우리가 배워야 할 것은 절제야. 남자는 절제를 하지 않으면 여자들에게 동물이라는 비아냥을 들을 수도 있어. 아빠는 그럴 때 운동을 하거나 샤워를 하거나 한단다.' 이런 식으로 방법까지 일러줄 수 있을 것이다. 자위 후에 위생적으로 뒤처리하는 법이라든가 콘돔 사용법도 아빠가 가르쳐줄 수 있다. 아빠가 할 수 있는 성교육도 은근히 많다.

사춘기 딸에게

아빠는 딸에게 '남자의 속성'을 말해줄 수 있다. '아빠가 학교 다닐 때 겪어본 바에 따르면 학교에서 엎드려 낮잠 자다가 갑자기 아랫도리가 선 적이 있었거든. 남자들은 호르몬 때문에 그런 거지, 야한 생각을 해서 그런 게 아니야.' 이런 얘기를 자연스럽게 들려주자.

학교에서 남자애들이 체육시간에 엎드려 자다가 발기하는 경우가 꽤 많다. 아, 그건 정상인 거구나! 딸아이가 이런 생각을 하게 도와주는 것도 훌륭한 성교육이다. 다양한 남성 스타일, 남자 성격의 여러 가지 유형 등을 설명해주는 것도 올바른 이성을 선택하는 데 도움이 될 것이다.

찮은데 부모 양쪽으로부터 버림을 받으면 상처가 되는 것 같다.

부모에게서 사랑이 충족되지 못한 아이들은 이성을 통해 그 사랑을 채우려고 한다. 사랑받고 싶다는 것은 어쩌면 사람의 본능이니까. 때문에 성교육은 따뜻하고 충만한 사랑을 주는 일부터 시작되는 것인지도 모른다. 모든 문제의 원인은 '사랑고파'다.

◉ 오직 공부 공부! 할 일이 아니라는 생각이 다시 한 번 든다.

인생 설계표나 생애주기표를 작성해보게 하는 것도 넓은 의미에서의 성교육이다. 내가 몇 살에 어느 학교를 가고 몇 살에 졸업하고 공부를 더 할 것인가 말 것인가 결정하고 결혼은 언제쯤 하며 2세는 몇 살 무렵에 가질 것인가 등등을 계획해보게 하는 것이다. 항상 '선택과 책임은 짝'이라는 생각을 할 수 있도록 해주자. 성격이나 성향을 알아보는 심리검사도 부모와 아이가 같이 받아서 부모에 대한 객관적인 정보도 알려주자. 부모와 자녀가 무엇이 같고 무엇이 다른지. 다르기 때문에 서로 의사소통이 힘들 수 있다는 것을 조금씩 이해할 수 있도록 하자. 우리 딸의 경우 2년에 한 번 정도 MBTI 같은 심리검사를 받게 했는데 성격유형이 조금씩 변해가더라. 아이도 그걸 신기해하면서 자신의 변화를 긍정적으로 받아들이게 되었다.

◉ 소통과 관계 맺기도 성교육의 일부라고 생각한다. 부모가 어떻게 도와줄 수 있을까.

사람과 사람이 잘 교감하는 법을 알려줘야 한다. 엄마 자신부터 조심하자. 교감이라는 미명 아래 요즘 엄마들은 너무 아이들을 깊게 간섭하고 괴롭힌다. 부모부터 '건강한 사랑 주기'를 실천하면 아이들도 알게 된다, 제대로 관계 맺는 법이 무엇인지를. 누군가 그걸 한마디로 잘 표현했더라. 아이들은 원 안에 있고 엄마는 원을 돌면서 아이가 손을 내밀 때 잡아주는 사람이라고. 원 안에 들어가 같이 뛰지 말자, 제발!

■ 독일에서 귀화한 이참씨는 방송 뒷자리에서 내게 말했다.

"한국 엄마들은 세 살까지는 참 이상적인 엄마들입니다. 안아주고 업어주고 먹여 주고 입혀주고 지극정성이죠. 품안에서 아이를 안 놓는 그 행위는 엄마한테는 힘들 지 몰라도 아이 입장에선 최고의 대접입니다. 그런데 그 이후에 아이가 크면서는 조금씩 놓아줘야 해요. 한국 엄마들은 여전히 아이를 붙들어 안고 있는 경우가 많 아요. 내려놓지 않고 붙들고 있는 건 서로를 위해 좋지 않습니다."

세 살이 넘어가면 아이는 엄마 품에서 내려와 친구들 속으로, 세상 속으로 서서히 나갈 수 있어야 한다. 신중하고 내성적인 아이는 조금 더 늦게, 호기심 많고 에너지 많은 아이는 또래보다 조금 빠르게, '자립'과 '타인과의 관계 속으로 들어가기'를 동시패션으로 연습해야 한다. 그러니 엄마들이여, 아이가 커감에 따라 조금씩 진 화해가자. 차츰차츰 손 떼고 입 떼자. 내내 부둥켜안고 있다가 대학 입학과 동시에 갑자기 확 손 떼지 말고.

● **성교육 잘하는 부모가 되려면.**

우선 부모가 자기 자신을 돌아보는 작업부터 해야 한다. 나 같은 경우는 직 업 덕분에 나 자신을 돌아보는 작업을 쭉 해왔다. 내가 자란 가정의 성생활 돌아보기는 물론 내가 가장 잘 써야 할 성격유형 발견하기까지, 이에 대해 훈 련할 기회가 있었다. 엄마들이 이런 교육을 받으면 참 좋을 것 같다. 만일 이런 기회를 갖기 어렵다면 친한 이웃 엄마끼리 모여서 수다 떨듯 공부해나가는 것도 좋겠다. 좋은 책을 사서 같이 읽고 이야기 나눠보는 것도 필요하다. 내 안에 있는 어떤 성 개념, 이건 어떻게 생겨나게 됐을까를 주변 사람들과 이야기하면서 검증해보는 것이다.

어릴 때 어떤 남자아이랑 뽀뽀해봤는데 그때 느낌이 이랬다. 아마 내가 그래서 뽀뽀할 때 이런 생각을 하는가보다 식으로 지금은 말해도 될 만한 성적

사춘기 부모의 성교육에 도움이 될 자료

〈주노〉

열다섯 살 여자아이가 임신을 했는데 주변의 부모와 어른들이 어떻게 문제를 해결해가는가를 보여주는 성장 영화다. 부모가 할 수 있는 성교육이 생식기와 수정을 알려주는 일차원적인 지식교육에 그치지 않는다는 것을 실감할 수 있다.

〈커피프린스 1호점〉

남녀의 생각이 다를 때 일방이 아닌 양방소통이 가능하다는 것을 알리는 데 큰 공헌을 한 드라마다. 드라마에 나오는 남자들은 마초처럼 구는 사람들이 없다. 왜 여자가 내 맘을 몰라주지? 어떻게 상대를 이해해야 하지? 라고 궁리하고 고민한다.

여주인공이 실연을 당했을 때 딸을 대하는 엄마의 태도도 참 보기 좋았다. 딸이 휴지를 갖다놓고 눈물 닦은 휴지를 방바닥에 던질 때마다 엄마는 아무 소리 안 하고 옆에서 그걸 치워주고 먹을 것을 가져다준다. 스스로 해결할 수 있게 옆에서 그냥 지켜봐주는 거다. 그만 울어라, 남자가 걔 하나밖에 없냐, 그러기에 잘하지 그랬어, 뭐 이딴 잔소리를 늘어놓지 않고 따뜻하게 곁을 지켜주는 엄마. 참 볼 게 많은 드라마다.

경험들이 있을 거다. 기회가 된다면 훗날 엄마들하고 이런 성교육 공부모임 같은 것을 하고 싶다. 성에 대해서 궁금한 것 이야기하기, 의논하기, 토론하기 모임을 편안하게 꾸려보고 싶다.

● 올바른 성교육이란 한마디로 어떤 것.

성과 관련된 실제 상황이 일어났을 때 아이가 올바른 선택과 판단을 할 수 있는 확률을 높이도록 도와주는 것! 또 하나는 전 생애에 걸쳐 단계별로 받아야 하고 받을 수 있어야 하는 것.

진정한 성교육은 미성년 시기에만 받고 끝나는 것이 아니라 결혼 앞두고 결혼 생활 전반에 대한 예비교육으로 이어져야 한다. 부인이 앞치마 입고 항상 웃으며 남편을 맞이하고, 남편이 아침에 토스트와 커피를 침대로 가져다주는 환상이 결혼은 아니잖은가! 배우자와의 대화법 및 의견 조절에 대한 교육, 중년의 호르몬 변화에 따른 성생활 변화, 노년기의 성생활 등 생애 전시기 동안 받을 수 있는 성교육, 그런 것이 정말 올바른 성교육이고 필요한 성교육이다.

■ 남화애씨 이야기에 따르면 부모도 지속적인 성교육 대상자가 된다. 아직 교육생에 불과한 우리가, 이렇다 할 공부도 제대로 안 한 상태로, 어찌 아이들에게 성교육을 잘 시킬 수 있겠는가. 그러니 성교육이 어렵다 어렵다 하게 되는 건가 보다.
이 글을 정리할 무렵 한 TV프로그램에 나온 가수 백지영씨의 인터뷰를 봤다. 난 그 가수를 좋아한다. 노래도 좋고 당당함도 멋지다. 인터뷰 방송을 보고 나니 더욱 그녀가 좋아졌다. 가장 인상적인 이야기는 그녀 아버지의 이야기였다.

"스캔들이 터지고 2주 동안 집에 못 들어가다가 처음 아버지를 만났을 때 첫 말씀은 '얼마나 힘들었니?'였어요. 그 말이 얼마나 고맙던지……."

아버지는 세상의 돌팔매로부터 딸을 감싸안았다. 아픔에 공감했다. 너 죽고 나 죽자, 호적에서 파버리겠다가 아니었다. 꿍 돌아앉아버리는 태도도 아니었다. 아버지는 그렇게 딸을 끌어안는 한편 조용히 다니던 직장에 사표를 내셨단다. 그런데 사표를 반려하는 직장 상사 또한 멋졌다. "이 일은 당신 가족의 잘못도 딸의 잘못도 아닙니다. 이 일은 우리의 잘못입니다."

그리고 그 딸이 6년 동안 온갖 수모와 냉대를 겪고 다시 가요계 정상을 차지하던 날, 아버지가 보낸 문자는 딱 세 마디였다고 한다. "브라보!"

세상 모든 부모들이여, 백지영씨 아버지처럼만 되어보자. 그리고 옆집 부모가 자녀의 성문제 때문에 힘들어할 때 그 직장 상사 같은 이웃이 되어 위로해보자. 그 경지에 이르는 것이 우리들 부모가 알고 행해야 할 성교육의 도달점이라고 나는 믿는다.

♥ 부모 자신부터 커밍아웃 하자

아들은 곤충을 무척 좋아한다. 사족을 못 쓸 정도다. 아이 입에서 나오는 말의 80퍼센트는 곤충에 관한 이야기들이다. 때론 세상 모든 일을 곤충들의 삶으로 바꾸어 생각하기도 한다. 1학년 때 친구 집에 가서 놀고 오더니 "엄마 오늘 경수랑 예진이랑 짝짓기 놀이하고 왔어." 한다. 뭐? 한 명은 남자아이이지만 다른 한 명은 여자아이다. 가슴이 콩닥콩닥 뛰었다.

"짝짓기 놀이가 어떻게 하는 건데?"

"응. 사슴벌레 수컷끼리 힘겨루기 하다가 이긴 수컷이 암컷을 차지하는 놀이야." 내 간이 반은 쪼그라든 것 같았다

"차지? 뭘 어떻게 차지하는 건데?"

"암컷 친구가 엎드려 있으면 이긴 수컷이 등 위에 이렇게 몸을 걸치고 두 팔을 내려뜨리는 거야."

우선 방에 들어와 여자친구 엄마에게 전화를 걸었다. 자초지종을 말하니까 다행히 그 엄마는 웃으면서 안 그래도 딸아이 일기장에서 막 그 구절을 읽었다고 했다. "죄송해요. 정말 마음 안 좋으시죠. 주의시킬게요. 다시는 이런 일 없도록 잘 말하겠습니다." 양해를 구하는데 내 목소리가 조금 떨렸다. 여자친구 일기장에는 '수컷끼리 싸우는 동안 난 낮잠을 자는 척했고 이긴 수컷이 내 등에 두 팔을 올렸다'고 써 있었다고 한다. "그냥 색다른 놀이를 한 것 같은 뉘앙스던걸요." 그 엄마는 평소의 나와 내 아이를 믿었던지라 담대하게 받아주는 눈치였다. 그 엄마가 너무나 고마웠다.

아이한테 엄한 목소리로 훈계를 하고 또 했다. 짧게 말하고 끝내기가 어려 웠다. 또 그럴까봐 무서웠다. 아이가 무안한 얼굴로 나를 보더니 기어들어가 는 목소리로 "엄마, 나 다시는 그런 놀이 안 할게. 정말 미안해." 하는데 문득 정신이 차려졌다. 아, 성교육 어찌 해야 하는지 다 알고 있어도 이럴 땐 아무 짝에도 쓸모없는 것이구나.

얼른 아이를 껴안고 "엄마가 좀 심했구나. 친구가 마음 상했을까봐 그랬 어."라고 사과했다. 그래 놓고도 기어이 한마디 더 얹고 말았다. "여자친구는 차지하는 것이 아니라 마음을 얻는 거야. 배려를 잘해야 해."

아이는 그저 놀이를 했을 뿐이었는데, 나는 매우 예민한 반응을 보였다. 여 기엔 나의 개인적 체험 두 가지가 작용했던 것 같다.

한번은 어릴 때 이웃집 오빠한테 가벼운 성희롱을 당한 기억이다. 그게 얼 마나 불쾌하고 무서웠는지. 그 오빠는 그저 내 성기를 잠시 만진 것이었는데 난 그런 일로도 임신이 될 수 있다고 지레 겁먹었다. 싫었던 어린 시절의 기 억이 그 순간 내게 확 달려들었던 것 같다.

나처럼 기억 안 어디엔가 '찌그러진 성의식' 조각을 가진 엄마 아빠가 의외 로 많을지도 모르겠다. 내 기억 속에서 어둠의 그림자를 드리우며 숨어 있던 잘못된 성관련 체험들을 햇살 속으로 데리고 나와 거풍시키고 먼지도 털어내 고 위로도 해줘야 한다,

'네 잘못이 아니야.' 이 말은 아이들한테만 필요한 것이 아니라 정작 우리 부모들 상당수에게도 필요한 말이다. 우린, 이것부터 하고 자녀 성교육에 임 해야 한다.

또 하나의 기억은 대학시절의 일이다. 문과대학에서 아주 인기가 높은 선

배가 있었다. 어느 날 여럿이 어울려 술을 마시다가 정신을 차려보니 내가 그 선배와 여관에 나란히 누워 있었다. 순간 정신이 또렷해지면서 내 마음속에서 냉정한 질문 하나가 떠올랐다.

나는 이 선배를 사랑하는가. 난 그냥 이 사람에게 홀려 있던 건 아닐까. 그는 나를 사랑하는가. 그 역시 술김에 여기까지 온 것은 아닐까. 그럼 이래선 안 되지. 난 벌떡 일어나 선배에게 또박또박 말했다.

"난 선배를 좋아하는 것 같은데 사랑하는 것 같진 않네요. 사랑하지 않는 사람과 나의 첫 경험을 나누고 싶진 않아요." 그리곤 방문을 열고 나왔다.

겨울 골목, 하얀 눈밭을 걸으며 하룻밤 흥청거리는 유혹에 지지 않은 내 자신이 너무 대견해서 몇 번이고 혼잣말을 했다. '잘했어. 정말 잘했어.'

성에 대한 두 가지 에피소드가 아이 성교육에서 잠재적으로 다시금 작동했다. 여자는 마음을 얻는 거야, 라는 말도 아마 그래서 나왔던 건 아닐까. 아이는 아직 초등학교 1학년, 자연관찰 책에서 자주 나오는 '암컷 차지하기'라는 말을 무의식중에 따라했을 뿐인데, 거기에 대고 멋진 척 말하는 내 모습이라니.

여하튼 이 일로 인해, 나는 순하고 점잖은 우리 아들도 성 놀이로 물의(?)를 일으킬 수 있는 아이라는 걸 알게 되었다. 아들은 뭘 알게 되었을까? 짝짓기 놀이에 애미가 과민하게 보인 반응? 여자는 차지하는 게 아니라 마음을 얻는 것이라는 멋진 교훈?

아들아, 부탁할게. 전자는 빨리 잊어버리고 부디 후자만 기억해다오. 꼬 ~ 옥.

1.분명하고 정확한 의사소통법

남화애씨는 말한다. 자녀에게 무엇을 주고 있는지 자주 알려준다고. 즉 아이한테 '내 생활에서 이만큼 떼어서 너한테 준다' 생색내며 말해준단다.

새벽 6시 30분에 일어나 밥해주어도 늦었다며 그냥 가는 딸에게 "엄마가 너를 사랑하니까 차려주는 거야. 엄마도 졸립고 쉽지만은 않아! 이렇게 열심히 만들었는데 네가 안 먹고 가면 하루 종일 속상해. 엄마가 불행한 거 싫지?" 한다. 아이는 엄마로서 당연히 차려주어야 할 밥상을 생색내는 엄마, 가끔 케첩으로 하트 모양을 만들어 사랑을 강요하는 엄마를 어이없어하기도 하지만 어쨌든 감사히 먹고 간다고 한다.

엄마는 아이한테도 물어본다.

"너도 필요한 것이 있으면 내게 구체적으로 말해줘. 엄마가 방법을 몰라서 너한테 줄 수 없는 것도 있어. 네가 이야기를 해주면 내가 고칠 수 있지만 말하지 않으면 내가 아는 범위 내에서 줄 수밖에 없어."라고.

남화애씨는 어린 시절 아이수발을 들어주지 못했고 그 점을 내심 미안해했다. 그러나 죄책감을 갖진 않는다. 엄마는 열심히 일하는 것으로 모성을 대신했다고 자위한다. 하기사 일하는 엄마가 직장에 놀러다닌 것은 아니었으니까 그 말도 맞다. 그래도 대부분의 일하는 엄마들은 자식에게 당당하지 못할 때가 많다. 그런데 이 엄마 보게.

"네가 자식이라고 무조건 후원하진 않아. 엄마가 이렇게 뒷바라지 해줘도 안 되겠구나, 너한테 유용하게 쓰이지 않는구나 싶으면 거둬들일 수도 있어." 단호하게 말한다.

"부모 돈 갖고 술 먹고, 낭비하고 이런 걸 당연하게 생각하는 아이들, 정말 제정신이 아니죠. 난 이런 게 정말 분통 터지는 사람이거든요. 그러다보니 주변과 비교할 때 내가 이상한 사람 취급받는 경우도 있어요. 너무 쌀쌀맞고 냉정한 엄마라는 소리. 부모는 화수분이고 뭐든 요구하면 다 나오는 사람이라고 생각하는 애들이 많은데 이건 정말 안 될 일입니다."

똑 부러지는 엄마 때문에 간혹 힘들어하는 자식들은 "세상 사람이 다 엄마 같은 줄 알아?"라고 말하기도 한다. 그러면 이 엄마, 하나도 기 안 죽고 받아친다. "그러게. 너희들이 나 같은 엄마 밑에서 단련되었으니 얼마나 좋아. 이 다음에 세상에 나가면 어떤 상사, 어떤 선배를 만나도 적응될 거잖아?"

아이의 건강한 미래를 위해 엄마로서 당당하자고 주장하는 남화애씨. 자식들 앞에서 늘 전전긍긍, 미안해하기만 하는 엄마도 인생 선배로서 좋은 모델은 아니라고 한다.

"난 내 자신에게 에너지를 많이 집중하는 사람인 것 같아요. 모성도 사랑이 없다면 참 힘들고 어려운 과정이죠. 내 시간과 열정을 아이들에게 빼앗긴다고 생각될 때 참 힘든 적도 많았어요. 아이들은 엄마와 완전 반대 입장이죠. 무조건 희생하는 엄마에 대한 기대와 향수가 있어요. 하지만 내가 그런 사람이 못 되는걸요. 난 내가 못하는 걸 애써 하려고 하지 않아요. 대신 내가 잘하는 걸 무기로 활용하는 편이죠. 아이들이 사춘기에 접어들면서 마침 '자립하는 법'이 필요했고 '성적인 호기심'도 늘어날 무렵이었어요. 내가 가장 잘 하는 종목이죠. 그걸로 승부한 거예요. 내가 그 분야에 전문가인데 지들이 따라와야지. 안 따라오고 배기나?^^"

"우리 집에선 누가 제일 불쌍해?" 하면 이제 딸은 "엄마가 제일 불쌍한 사람"한다. 왜냐면? 직장도 다니고 살림도 하고 시어머니도 모시고 자녀들도 키우기 때문이란다. 이 모두가 반복 학습의 결과물이다.

그녀는 강조했다. 부모도 자식들이 위로해주어야 할 대상이라는 것을 알려주어야 한다고. 사랑 표현은 양방통행이어야 하는 거다.

3. 왜 공부를 열심히 해야 하는지 명확하게 제시한다.

자녀에게 대학가는 목표에 대해서도 이 엄마는 명확하게 말한다.

"어떤 사람이 되고 싶니? 이왕이면 남한테 많은 걸 주는 사람이면 좋겠어. 그러려면 좋은 직업을 가져야 해. 그래야 많이 벌어서 많이 줄 수 있겠지. 네가 네 삶을 꾸리지 못하면 타인의 도움을 받아야 하는데 그건 일종의 민폐야. 네가 많이 주고 싶은 사람이 되고 싶으면 많이 공부해야 해."

남화애씨는 작은 금액이지만 유니세프와 엠네스티를 후원하고 있다. 자녀들에게 그 취지도 알려준다.

"이런 단체에 너도 관심을 가져야 해. 힘 없는 어린 아이들, 올바른 소수자의 인권에 대해 네가 관심을 가지고 있어야 해. 지금 당장엔 도움을 줄 수 없어도 나중에 그런 곳에 관심과 애정을 갖고 후원하는 사람이 되길 바래. 지금 너의 직업은 학생이니까 사회에 도움을 주는 건 네 역할, 바로 열심히 공부하는 일이야. 잘 돼서 많이 도와주는 사람으로 살았으면 해."

남화애씨 이야기를 들으며 결심했다.

결혼 전 그리고 신혼초에 우리 부부는 사회복지단체 봉사를 한 적이 있다. 아이를 낳으면서 그 일이 중단되었다. 이제 아이가 컸으니 다시 봉사를 시작해야 할 것 같다. 이젠 말로가 아니라 실천으로 모범을 보여줄 때가 된 것 같다.

🌀 화영씨의 메시지

1. 성교육과 인성교육을 따로 떼어서 생각하지 마세요.

사람교육 안에 사랑교육도 들어갑니다. 성교육이 유아 시절, 사춘기 시절에 한차례씩 하고 끝나는 것이라고 생각하지 마세요. 일생 동안 계속되는 것입니다.

2. 성교육은 간결하고 명확하게 해주세요.

궁금해하는 부분만 말해주고 그 이상으로 너무 많은 것을 설명하지 않는 편이 좋습니다.

3. 성교육은 부모가 함께 해주세요.

아빠가 할 수 있는 성교육도 적지 않습니다. 긴 시간이 필요한 일도 아닙니다. 관심과 애정을 가지면 해줄 수 있는 이야기가 의외로 적지 않습니다.

4. 이웃의 외국인 엄마를 둔 자녀와 그 가정에 대해서도 관심과 애정을 보여주세요.

우리 사회는 이제 확실하게 다문화 사회가 되었습니다. 내가 사랑받을 가치가 있는 것처럼 그분들도 존중받고 사랑받을 자격이 있는 분들이라는 걸 제발 어른들이 먼저 보여주세요.

5. 부모 자신을 돌아보는 작업도 해주세요.

좋은 책을 사서 읽고 이야기 나누면서 부모 자신의 성 개념을 돌아보세요. 성교육 잘하는 부모의 첫걸음은 스스로를 돌아보는 것부터 시작합니다.

강단의 지식 + 강호의 지혜

위키피디아wikipedia는 볼수록 참 신기하다. 많이 배운 전문가가 만들어놓은 기존의 사전과 달리, 이 사전은 대중이 서로의 앎과 생각을 쌓아나가는 방식으로 만들어진다. 정말 새롭고도 신선한 지식이 아닐 수 없다. 이래서 지금 우리가 살고 있는 시대를 일러 '집단지성의 시대'라고 말하는가 보다.

이 책도 말하자면 육아서의 위키피디아이고자 했다. 전문가에 의한 육아 정보가 아니라 우리 주변 엄마들의 지혜가 모아졌기 때문이다. 모두가 함께 지식을 만들어가듯, 아이와의 행복한 관계 쌓기에 선수급인 엄마들이 각자 아이 키워온 방식을 이야기했다.

EBS에서 육아 프로그램을 만들면서 나는 전문가뿐 아니라 일반 부모들에게서도 빛나는 지혜를 엿볼 때가 많았다. 언젠가는 저 엄마들의 살아 있는 지식, 손에 만져지는 양육 정보를 꼭 한 번 정리해봐야겠다고 생각했었다.

양육이란 사실 창조적인 작업이다. 그것은 때론 과학적이고 때론 종교적이며 또한 기술적이고 예술적이다. 궁극적으론 하나도 똑같은 것이 없다.

이 세상에는 생김새만큼이나 다양한 엄마들과 아이들이 있고, 그들이 각각의 관계를 풀어나가는 일은 그 하나하나가 창조적인 예술작업에 가깝다. 그러니 한국 육아의 실정을 보다 잘 그려내려면, 아마 나는 앞으로도 수십 명 수백 명 엄마들을 더 만나 그분들의 육성을 낱낱이 들어야 할 것이다.

엄마들과 인터뷰하면서 나는 지난 10년 동안 익혀왔던 양육 지식을 다른 각도에서 바라볼 수 있게 되었다. 내가 좋아하는 동양학자 조용헌 교수의 말처럼 전문가의 지식이 강단의 지식이라면 엄마 달인들은 강호의 지혜를 주었다고나 할까.

이제부터 말할 이야기는, 강단의 지식과 강호의 지혜를 통합한 나의 양육의 지혜 다섯 가지이다. 이해를 돕기 위해 나의 육아 경험담도 곁들였다.

최소 하루 한 시간 아이에게 눈 맞추자

부모는 특히 엄마는 아이의 마음에 안정감을 주는 존재다. 영유아시절, 아이는 엄마의 태도를 통해서 이 세상이 믿을 만한 곳인가, 살 만한 곳인가를 결정한다는 무시무시한 이야기도 있다.(아 도대체 우리더러 어쩌라구.) 엄마가 아이한테 절대적인 존재라는 이 얘기, 솔직히 때론 귀 막고 안 듣고 싶어질 때도 있다. 어떤 엄마는 숨 막힐 것 같다고 호소한다.

나는 서른일곱 살에 유전병과 RH⁻혈액형을 가진 상태로 엄마가 되었다. 서른아홉 살에 아빠가 된 남편은 신생아실에서 갓 올라온 아이 기저귀를 갈다가 얼굴에 오줌세례를 받았는데도 뭐가 그리도 즐거운지 벙긋벙긋 자꾸 웃었다. 나이 든 우리 부부한테 아이는 무엇을 하든 신기하고 감사한 존재였다.

하지만 내가 20대에 아이를 낳았다면 아이가 마냥 그윽하고 아름다운 존재이기만 했을까. 그러진 않았을 것 같다. 그 나이엔 나 홀로 서기에도 벅찬데 등에 아이까지 업고 있으니 오죽 힘들까. 그나마 직장 일을 하는 엄마들은 아이 곁을 떠나는 시간이 생기기 때문에 차라리 아이가 그리워지는 순간이라도 생기지만, 24시간 아이 옆에서 지내는 전업주부 엄마들에겐 아이와의 시간이 감옥처럼 느껴질 때가 많을 것이다. 한순간도 벗어날 수 없는 상황이라는 것은 그 자체가 곧 숨 막히는 구속이니까. 오죽하면 이런 말도 나왔을까. '모성은 인류 최후까지 남을 식민지다'라는.

그러니 엄마들 입장에서 보면 아이 곁을 되도록 많이 지켜주자는 얘기가 참 반갑지 않을 것이다. 그러나! 그럼에도 불구하고! 요즘 아이들 삶을 가만히 지켜보면 '엄마와 함께 하는 행복한 시간'이 참 부족해 보인다. 비공식적인 통계에 따르면 우리 사회에서 직장 일하는 엄마가 전체의 절반 가량 된다고 한다. 그 엄마들의 아이는 모두 어린이집에 간다. 일하지 않는 엄마들도 집에서 각종 '집안 일'을 한다. 자기개발이나 취미활동에 참여하느라 바쁜 경우도 많다. 그 집 아이들도 어린이집에 간다. 모두모두 그럴 만하다.

문제는 그 나머지 시간들이다. 일하는 엄마는 집에 돌아와 아이와 얼마나 함께 시간을 보낼까. 전업주부 엄마는 하루 중 집안 일이나 자기개발 외의 나머지 시간 중에 과연 얼마의 시간을 아이와 함께 하고 있을까. 엄마 없는 적적함을 우리 자랄 때는 이렇게 표현하곤 했다.

'학교 갔다 돌아왔을 때 집에 엄마가 없으면 서운하더라.'

요즘 아이들은 그걸 어떻게 표현할까.

'학교(어린이집) 가고 학원(문화센터) 가느라 엄마 볼 틈이 없어요. 엄마도 바쁘고 나도 바빠요.' 이러지 않을까.

핸드폰은 또 왜 그렇게 자주 울리는지, 수시로 들어오는 문자 체크하랴, 답 주랴, 아이 옆에 앉아서도 우리는 늘 뭔가를 하느라 바쁘다. 그것만 하나? 메일 체크도 해야지 이런저런 정보도 챙겨봐야지. 컴퓨터 앞에 잠깐 앉는다는 게 한 번 앉았다 하면 30분, 1시간을 넘기기 일쑤다. 여기에 TV까지 심심치 않게 보는 엄마라면? 아이와 엄마가 함께 눈 맞추고 서로를 찬찬히 들여다볼 시간이 정말 절대적으로 부족해지는 것이다.

미국의 한 연구에 따르면 어린이에게 타임체크기를 채우고 하루 중 부모와 함께 대화하는 시간을 조사해봤더니 그 시간이 평균적으로 하루 1분이더라는 극단적인 결과도 나온 바 있다. 현대의 부모들은 너나 할 것 없이 '바쁘다 바빠'를 외치고 산다. 물론 이게 다 자녀 잘 키우자고 하는 일들이다. 그러나, 그러는 동안 아이는 바쁜 어른의 사랑을 받고 싶어 목말라하는 '사랑바라기'가 되어간다.   결국 질문은 제자리로 돌아온다. 우린 무엇 때문에 그리 바쁘게 사는 걸까.

일하는 엄마 한 분이 그랬다.

"혹시 우리 아이가 엄마를 고파하지 않을까 싶어 하루 휴가를 내고 함께 있어봤어요. 미리 예약을 못해 딱히 보러 갈 공연도 없었고 비가 와서 나들이도 못했고. 별반 하는 일도 없이 하루가 후딱 지나가더라구요. 이렇게 보내는 시간이 뭔 의미가 있을까 생각했네요."

엄마는 의미 있는 활동을 하지 못한 하루가 무료했다고, 무의미했다고 말했지만 내 생각에 아이는 그날 하루 참 행복했을 것이다. 아무것도 안하고 엄마 옆에 누워 방바닥만 밀고 있었어도 그래도 좋은 것. 그것이 엄마 품이고 엄마 곁인 것이다. 이런 '메이드 인 엄마표' 안정감이 아이들을 편안하게 하고 평화롭게 해주는 것 아닐까.

현대의 엄마들은 이런 누룽지 같은 사랑, 숭늉 같은 사랑을 잘 주지 못한다. 맹물 같은 사랑은 사랑이 아니라고, 칵테일처럼 영롱한 빛깔을 가진 사랑만이 사랑이라고 생각하는 버릇이 생겨버린 듯하다. 엄마표 영어교육가로 유명한 솔빛엄마와 우스갯소리를 나눈 적이 있다. 제목은 '넌 아직도 내가 엄마로 보이니'다.

엘리베이터에 아이와 엄마가 타고 올라가는 중, 갑자기 엄마가 아이를 보고 물었다.

"너는 내가 누구로 보이니?"

"엄마 아녜요?"

"넌 아직도 내가 엄마로 보이니? 난 엄마가 아니라 네 선생님이야."

이 시대는 자꾸 '푸근한 엄마는 아무것도 아니다'라고 한다. 물론 엄마가 똑똑해져야 하는 건 맞다. 그러나 그건 교육의 본질과 방향을 제대로 이해하기, 발달 연령에 맞게 사랑주기, 뭐 이런 공부를 많이 해서 그 방면으로 똑똑해지자는 것이지 아이를 매니저처럼 관리하고 전문강사처럼 직접 가르치기 위한 공부를 하자는 뜻은 아니다.

충동적인 아이, 산만한 아이, 감정 조절이 잘 안 되는 아이, 자꾸 남을 해코지하는 아이들이 과거보다 늘어난 건, 어쩌면 그렇듯 평화롭고 구수한 사랑을 덜 받기 때문일지도 모른다. 생명은 샘물처럼 맑고, 선선한 가을 바람처럼 그윽하고, 깊은 산처럼 조용한 기운 옆에 있어야 비로소 그 기질을 닮아갈 수 있다. 우리 아이들이 자꾸 부잡스러워지는 건 우리 엄마들부터가 그렇기 때문은 아닐까.

엄마의 사랑은 맹물이 아니라 생수다. 생수에 목마른 아이들이 은근히 많다. 오늘 하루 동안 나는 우리 아이에게 얼만큼 눈 맞췄는지 한 번 생각해보자. 오로지 아이에게만 몰입해주는 시간. 엄마와 함께 하는 행복한 시간은 아이가 정서적으로 광합성을 하는 시간이다.

아이와 함께 하는 동안엔 뭘 할까?

체험놀이 이원영씨는 동이와 수학놀이, 박물관놀이를 했고 미술놀이 최순주씨는 두 아들과 쉽고도 편한 미술놀이를 했다. 영어교육 장정신씨는 아이에게 재미있는 책 읽어주기를 정말 열심히, 열심히 했고 건강밥상 채인숙씨는 두 아이와 틈나는 대로 손쉬운 요리활동을 했다.

그뿐인가. 생태지기 박영미씨는 딸과 숲속 개울가에 가서 인디언처럼 놀았고, 자녀가 성장한 후 성교육 강사 남화애씨도 아이와 눈 맞추며 대화를 자주했다. 이 책에 나온 엄마들은 모두 아이와 그렇게 눈 맞추기를 참 잘했던 엄마들이다.

엄마 달인들을 따라 해보는 것도 좋지만, 그보다 더 좋은 것이 있다. 유아의 경우에 가장 좋은 건, 아이가 하고 싶어하는 놀이를 재밌게 해주는 것이다. 가르치려고만 하지 말고 그냥 깔깔 웃으며 재미있게 노는 것, 이것이 가장 교육적이다. 아이는 이미 어딘가에서 지나치게 많은 교육을 받고 있을 것이다.

초등 저학년이라면 정겨운 대화를 나누거나 배드민턴, 탁구 같은 운동을 같이 하는 것도 좋다. 하다못해 공기놀이라도 하자. 아이와 대화를 할 땐 아이가 말하는 시간이 70퍼센트 정도, 엄마 말하는 시간은 30퍼센트 정도만 차지하면 좋을 것 같다. 대화의 주인공은 어디까지나 아이다. 엄마는 주로 들어주고, 이따금 엄마 의견을 들려주는 식으로 대화하자. 이 균형을 잘 지키면 아이는 엄마 말을 신뢰하게 되고 엄마 의견을 경청하는 아이가 될 수 있을 것이다.

다정한 미소, 친절한 조언, 행복한 관계로 아이와 시간의 추억을 쌓아가는 일. 그러기 위해선 핸드폰을 잠시 끄고, 메일 체크도 미루고, 전화도 받지 말고, 읽던 책도 내려놓고, 하루 딱 한 시간만 그렇게 아이와 함께 놀자.

아이에 대한 관심은 무척 많지만 그 관심이 각종 교육 정보를 향해서만 작동할 뿐, 우리 시대 많은 엄마들이 정작 아이 눈은 잘 안 맞춘다. 선선하게 '곁'을 잘 안 내어준다. 우리 시대 아이들은 엄마한테서 오는 순도 높은 관심을 목말라하고 있을지도 모른다. 어린 시절 엄마와 함께 시간의 추억을 쌓아가는 일! 그 기억은 아이 머리가 아니라 아마도 영혼 깊숙한 곳에 새겨질 것이다.

성적의 힘보다 공부의 힘을 알게 하자

솔직하게 말하자. 대한민국처럼 경쟁이 치열한 사회에서 학교성적은 중요하다. 그것은 아이의 현재 자존심, 나아가 자존감은 물론 아이 삶의 경쟁력으로도 이어진다. 이렇게 중요한 성적을 중요하지 않다고 말하는 것은 무책임하다.

그러나 그걸 얻기 위해 아이를 열심히 밀어붙이고 몰아가야 할까? 천만에 말씀. 아이는 밀어붙이면 밀어붙일수록 저항한다. 강한 아이는 초등학교 고학년쯤 되면 대놓고 '나 못해' 거부한다. 소극적인 아이는 대놓고 거부는 못하고 이런저런 삑사리 신호를 보내 엄마 속을 긁는다. 아이는 '하고는' 있지만 '열심히는 안 하는' 것이다. 인생은 힘들구나. 대충 하지 않으면 죽겠구나. 본능적으로 위험을 감지하고 무기력 상태에 빠질 수도 있다. 사실은 아이가 이걸 배우는 것이 가장 나쁘다.

그럼 어떻게 하냐구?

아이 스스로가 성적이 중요하구나, 최선을 다해야겠구나, 생각하게 해야 한다. 힘들지만 이걸 해야 내가 발전하겠구나, 그래야 내 자존심도 채워지겠구나, 내가 썩 멋진 사람이 될 수 있겠구나 분발하게 해야 한다. 이것이 저 유명한 '자기 주도 학습력'이다. 스스로 공부하는 힘을 키워주는 일이다.

그러려면 아이한테 주어지는 과제들이 너무 어려우면 안 된다. 예를 들어 5세 미만 아이들에게 10분 이상 꼼짝 않고 앉아서 교육 비디오를 보게 하거나 수학문제 풀이를 하는 일은 재미도 없을뿐더러 불행한 체험이 된다. 이러면 아이는 자칫 공부 자체를 싫어하는 아이가 될 우려도 크다. '앗 뜨거. 공부 이거 못 쓰겠네. 앞으로도 이건 가능한 하지 말아야지.' 아이는 이런 기억을 차곡차곡 쟁여놓고 있을지도 모를 일이다.

어머, 우리 아이는 비디오를 10분 넘게 잘 보는걸요. 어떤 엄마는 이렇게 반문한다. 아마도 그 비디오는 학습비디오란 이름 아래 30초마다 자극적인 영상이 나오는 구성일 것이다. 조미료 많이 친 음식에 아이 머리가 길들여지고 있는 것이다. 재미와 자극으로만 공부한 아이는 재미와 자극이 없는 공부는 잘 안하려 할 수도 있다.

공부도 제철음식 자연식 같은 공부로 서서히 적응되어가야 한다. 그게 뭘까? 바로 자기가 좋아하는 엄마 옆에서 엄마랑 뭔가를 함께 하는 방식으로 시작하는 것이다. 아이는 그때가 가장 행복하다. 유아시절의 공부는 그래야 한다. 아이는 그렇게 세상을 배워나가고 싶어한다.

어린이는 학년이 올라갈수록 차차 똑똑해지는 것이 제일 좋다. 그것이 맞다. 초등학교 1학년 때 똑똑하다가 점점 늘어져 학교를 졸업할 때는 존재감도 없게 되는 아이, 이런 아이가 주변에 얼마나 많은지 유아 엄마들은 깊게 생각해보시기 바란다.

더 중요한 것. 아이는 사실 '성적'이 아니라 성적 너머, '진짜 공부'를 할 수 있어야 한다.

공부는 아이가 살아갈 미래에 어울리는 그 무엇이어야 한다. 엄마와 놀이 수학을 해 온 동이, 그리고 엄마표 영어학습의 승현이는 모두 성적 너머 진짜 공부에 매진해온 아이들이다. 미술치료사 최순주씨도 남보다 미술을 잘하는 기능인을 키우려고 하지 않았다. 그녀는 미술을 좋아하고 즐기는 아이로 키우고자 했다. 이것이 어린 시절에 해야 할 진짜 미술공부가 아닐까.

나도 엄마로서 그 점을 잊지 않으려고 노력하고 있다. 우리 아이는 초등학교 2학년 2학기가 되기 전까지 9년 생애 동안 수학문제 풀이나 학습지를 한 적이 없다. 은물이나 가베를 한 적도 없다. 그 대신 우리 아이는 공동육아 어린이집에서 실 뜨개질, 낙엽 붙이기, 먹물놀이 등 구체적인 손 체험과 손 놀이, 나들이, 화전 만들기와 같은 제철 먹을거리 만들기, 텃밭놀이 등의 주옥 같은 놀이 공부를 했다.

영어공부도 초등학교 2학년 말부터 슬슬 시작했다. 사실 솔빛네 엄마표 영어연수를 처음 안 것은 우리 아이 네 살 때였다. 초등학교 3학년에 시작해야 겠구나 라고 생각했다. 승현이 사례를 보고 나선 초등 1학년부터 시켜봐야지 생각도 들었다. 그런데 가만 보니 우리 아이는 아직 준비가 덜 된 상태였다. 승현이만큼 언어력이 여물지 않아 보였다. 나는 기다렸다. 무리하게 시작했 다가 아이가 영어를 싫어하게 하지 말자고 생각했기 때문이다. 엄마가 꿈쩍 도 않으니까 아이 입에서 드디어 이런 말이 나왔다.

"엄마! 친구들도 다 영어공부 하던데 나도 뭣 좀 해야 하는 거 아냐?"

파닉스도 모르고 남들 다 아는 원투쓰리도 잘 못하는 자신이 좀 창피했나 보다. 아싸~ 기다리던 그 말이 드디어 나왔다. 2학년 겨울방학부터 아이는 조금씩 엄마표 영어연수를 시작했다. 방학 동안엔 보다 말다 하다가 3학년 시작할 무렵부터 재미를 붙이기 시작했다.

나는 우리 아이 영어공부는 솔빛네 엄마표 영어연수를 따른다는 큰 원칙을 갖고 있었다. 하지만 시작 시기는 아이마다 다르다는 것도 잘 알고 있었다. 제법 재미있어하면서 영어비디오를 잘 볼 수 있는 나이가 승현이는 1학년, 하지만 우리 아이는 1학년이 아니라는 것도 알게 되었다. 그 시점이 3학년 초엽이라는 건 아이와 내가 '같이 알아낸 것'이었다. 정신을 바짝 차리지 않 았으면 그걸 알기 어려웠을 것이다. 나는 따로 학과목 사교육은 시키지 않는 다. 집에서 하는 엄마표 영어연수를 시작했기 때문에 아이한테는 몰입할 시 간과 에너지가 필요하다는 걸 잘 알고 있기 때문이다.

한국의 교육현실에서 학업수행능력은 중요하다. 그러니 이렇게 해보자. 유아기엔 문자 공부 안 하고 손으로 몸으로 노는 놀이 많이 하기. 초등 저학 년엔 책 많이 읽고, 일기 잘 쓰고, 수학놀이 많이 해서 읽기 쓰기 셈하기 기초

를 잘 닦는 일. 고학년 때는 책 읽는 법, 노트 필기법, 오답노트 작성법 등 공
부하는 요령을 익혀서 나 혼자 집중해서 공부하는 습관 갖기.

아이는 이런 궤도에 올라서야 한다. 이것이 '스스로 공부하기' 리듬을 타는
요령이다. 혹시 이 궤도를 타고 가는 중에 성적이냐 공부냐, 선택의 기로가
나온다면 당연히 '공부'를 선택하는 것도 꼭 기억하자. 그래야 아이는 진짜
미래를 준비할 수 있다.

네트워크의 소중함을 알려주자

미국 미시건 공대 심리학과 교수였던 최성애 박사님은 전 세계를 돌며 양육
카운슬링을 하는 분답게 우리가 미처 몰랐던 글로벌한 지식을 많이 들려주셨
다. 그중에 하나가, '외동아이에겐 적어도 50명 정도의 네트워크가 필요하
다'는 말씀.

지금과 같은 디지털 사회에서 네트워크란 너무나 중요한 의미를 갖는다.
쉽게 말하면 그것은 나를 돕는 양질의 관계망이다. '당찬 1인'이기도 하지만
'고독한 1인'이기도 한 개인에게 너무나 꼭 필요한 것이다. 네트워크를 잘 구
축하려면 엄마도 아이도 민주적인 관계 맺기를 잘 배워두어야 한다. 아이 나
이 열 살이 될 무렵까지는 특히 부모가 주변과의 관계에 마음을 열고 돈독한
정을 쌓을 줄 알아야 한다. 그리고 열한 살부터 스무 살 무렵까지는 아이가
갖는 네트워크를 부모가 뒤따라 가주는 것이 옳을 것 같다.

부모가 된 나. 최초의 네트워크는 아이를 돌봐주셨던 이웃 언니와의 관계

였다. 대학생 딸 둘과 중학생 아들을 두었던 언니는 아이를 무척 사랑하는 분이었다. 그분과 그 가정을 만난 건 나와 우리 아이에게 엄청난 행운이었다. 대학생 딸 둘은 우리 아이를 자기 아이처럼 예뻐했다. 아이한테는 갑자기 세 명의 엄마가 더 생겼다고나 할까. 아이를 데리고 들어가면 입구에서부터 온 가족이 환호성을 터뜨렸다. 와아 우리 니꼬(세례명 도미니꼬를 줄여 그 가족이 붙인 애칭) 왔구나.

아이는 그저 싱글벙글, 자기를 열렬히 환영하는 사람들을 좋아라 봤다. 그 덕분에 나는 비교적 수월하게 아이와 안녕을 하고 헤어질 수 있었다. 그런데 영아를 키울 땐 왜 그렇게 어리석은 질문이 많이 들던지. 하루는 이런 생각이 들었다. 남편과 나는 조용한 편인데 언니네 집은 시끌벅적하니까, 완전 극과 극 체험이군. 혹시 아이 정서에 혼동이 일어나는 것 아냐? 지금 생각하면 정말 쓸데없는 생각이었다.

막 육아일기 프로그램을 시작할 무렵이었고 난 완전 생초보 엄마였다. 그때 만난 아이발달전문가 김수연 선생님은 지나가듯 말하는 나의 걱정에 깔깔 웃으셨다. "아이고 정 작가. 집에 있으면 명상시간, 그 집에 가면 오락시간. 좋지 뭘 그래." 아! 머릿속이 개운해지는 듯했다. 이거구나. 아이는 나 혼자 다 키우는 게 아니구나. 내가 부족한 것은 집 밖에 나가서 다 채워오는 것이구나. 나와 내 아이의 화려한 네트워크 시대, 그 개막을 알리는 서곡이었다.

대학생이었던 그댁 큰딸은 지금 초등학교 교사가 되었다. 우리 아이 호칭대로 하자면 그 댁 큰딸 '수정이 언니'는 참고서를 챙겨주는 든든한 학습 지원자이다. 둘째 딸 '수욱아 누나'는 잠시 외국유학을 가 있는 동안에도 우리 아이에게 〈개똥이네 놀이터〉라는 잡지를 1년치 구독시켜주고, 자기 미니홈

피에 마치 자기 아들처럼 우리 아이 사진을 올려놓는 열혈 '누나'다. 대학생이 된 '동윤이 형아'도 자기가 받은 세뱃돈을 우리 아이한테 몽땅 주는 인심 좋은 형아다. 외동아이인 우리 아이한테 이렇게나 든든한 네트워크가 생기다니, 얼마나 감사할 일인가.

아이가 그댁 식구들을 부르는 호칭은 아엄마 아아빠 아언니(혹은 아누나) 아동윤이 형아다. 그런데 '아'는 왜 붙었을까? 진짜 피를 나눈 식구는 아니지만 식구 같은 그 무엇이라는 아이만의 자기 선언일까. 모두 너무나 감사한 분들이다.

40개월 무렵, 아이를 보내기 시작한 공동육아 어린이집은 나와 우리 아이의 네트워크에서 두번째 중요한 자리를 차지한다.

공동육아 안에서 우리가 배운 것은 무엇이었을까? 그건 바로 공동체 정신이었다. 솔직히 이기적인 도시인으로 자라난 우리들한테 공동체란 것은, 구성원 누구 하나 만족시키지 못하는 허망한 그 무엇처럼 비춰질 때도 많았다. 그건 마치 공동우물 만들기와도 비슷했다. 처음 우리 대다수는 질 좋은 정수기 놓고 물 먹던 버릇으로 공동우물을 만들려고 했던 것 같다. 그런데 참 이상했다. 많은 돈과 품과 열정을 내놓아서 만든 그 우물은 차라리 나 혼자 내 돈 내고 먹는 정수기 물보다 못한 것으로 비쳐지는 것이 아닌가. 그 과정에서 넘치는 사람은 좀 깎이고 부족한 사람은 좀 채워지고 그렇게 덜그럭거리기도 하고 나가기도 하고 들어가기도 하고! 지낼 때는 피로감이 심했는데 지나놓고 보니 아주 역동적인 관계였다는 생각이 든다.

이상은 높고 꿈은 넘쳐났지만 우리 손에 잡히는 현실은 그보다 한참 작았다. 그런데 이 역설이 오히려 나를 키웠다. 그건 주어진 것이 아니라 우리가 같이 만들어낸 것이었기 때문에 굉장히 소중하다는 것. 그리고 현실은 원래 이상보다 작고 볼품없는 거라는 것. 이런 것들을 알게 됐다고나 할까.

그 안에서의 경험은 이후 내가 어딜 가든, 든든한 힘이 되었다. 나만 생각하면 안 되죠, 우리를 생각해야죠. 어디 가서든 이런 말을 하고 있는 나를 발견하게 되었다. 공동육아를 하는 동안, 무엇보다 외동아이인 우리 아이에게는 친구가 넘쳐났다. 늘 삼삼오오 몰려다니는 일이 많다보니 아이에겐 동생 형아 누나들이 득시글거렸다. 이것이 가장 좋은 경험이었고 꽤나 행복한 네트워크였던 것 같다.

초등학교에 들어간 후로는 같은 반 엄마들과 시골 큰집 작은집처럼 언니 동생 하며 사흘이 멀다 하고 이집 저집에서 같이 밥해먹고 수다떨고 놀았다.(물론 일하는 나는 일주일에 한 번 간신히 끼는 정도였지만) 이는 내게 학교가 낯설지 않고 친근하게 느껴지게 했던 경험이었다. 초등학교 1학년, 이렇게 잘 어울리면 어른도 아이도 학교에 들어갔다고 해서 긴장하지 않을 수 있다.

학교운영위원을 2년 동안 한 경험도 내게 행복한 네트워크를 만들어주었다. 교육 프로그램을 제작하면서 나는 만날 엄마들께 학교운영에 관심을 갖고 참여하라고 주장했었다. 그 말에 책임지려고 바쁜 시간을 쪼개 학교운영위원회에 들어갔는데 거기서 좋은 학부모들을 또 많이 만났다. 우리는 학교와 지역사회가 건강해지는 방법을 고민했고 그 과정에서 많은 것을 배우고 나눴다. 학교 안에 들어가 교사들의 고충을 가까이서 보게 된 것도 아이의 교육환경을 이해하는 좋은 공부였다.

방과 후 아이를 급하게 맡겨야 할 때, 지금 내 머리 속엔 적어도 열 군데 정도의 가정이 떠오른다. 사정 생기면 하룻밤 데리고 자주겠다고 흔쾌하게 말해줄 집도 예닐곱 집 이상은 되는 것 같다. 팍팍한 도시 안에서도 난 외롭지 않다. 우리 아이도 틈만 나면 친구들 섭외전화를 하며 하루 한 시간 이상 놀이터 놀이를 하곤 한다. A가 학원 가면 B한테, B가 피아노 치는 시간이면 C한테…… 놀 친구가 한 명 이상은 꼭 생기는 것이다. 돌아가며 부를 수 있는 친구가 대여섯 명은 되는 것 같으니 우리 아이는 하루 종일 고독에 몸부림쳐야 하는 외동이가 아닌 것이다. 고마운 친구들이 아닐 수 없다.

그래서 난 주말이면 간혹 친구들을 초대해 밥도 해먹이고 공원 나들이도 데려간다. 아이하고 둘이 노는 것보다 아이 친구들하고 놀면 훨씬 재미있다. 이웃 엄마들하고도 가급적 자주 만나 차를 마시려고 노력한다. 아이들과 엄마들과 어울려 가끔은 공원 나들이도 가고 도서실 나들이도 간다. 지역 안에서 이집 저집 대문을 열고 자주 어울리고 서로 무릎을 맞대고 틈나는 대로 손을 마주 잡아주고 걱정해주고 위로해주어야 '관계'가 자꾸 커지고 자라난다고 생각하기 때문이다. 피곤해질 수 있다고? 그럴 수도 있다. 그러나 그 피곤함이 싫으면 관계는 애초 어떠한 싹도 틔울 수 없다.

앞으로 아이가 사춘기가 되고 청소년이 되고 성인이 되어갈수록 아이가 만드는 인간관계가 더욱 많아질 것이다. 그때쯤 되면 이제 난 슬슬 뒷짐 지고 그 관계를 따라가야 할 것이다. 성년이 될 때까지 초반은 부모가, 후반은 아이가 앞서는 식으로 네트워크를 만들어 가면 좋을 것 같다.

나는 나이가 많고 몸도 약해서 아이한테 형제자매는 못 줬지만 친구는 많이 많이 주고 싶다. 내가 먼저 이웃의 아이들을 세심하게 살피고 그 형제자매들까지 사랑으로 돌보면 그 형제자매들도 우리 아이의 형 누나가 되어준다. 그 일을 위해 나는 늘 이웃 엄마, 이웃 아이들에게 마음을 열려고 노력할 것이다. 사랑은 아이와 나 사이에 직거래로 오고갈 때보다, 그렇게 다양한 이웃들과 어울리면서 쓰리쿠션으로 돌려주고 받을 때 더욱 풍성해지는 법이니까.

상처회복 능력을 키워주자

하버드대 졸업생 수백 명의 삶을 추적하여 성공 요인을 분석한 연구가 있었다. 전대미문의 프로젝트인 이 연구 이름은 '그랜트 스터디!'

성공할 만한 조건을 고루 갖춘 하버드 대학 졸업생 268명을 뽑아 그들의 졸업 후 60여 년의 삶을 추적한 연구였다. 조사 결과 졸업생의 30퍼센트는 성공적 삶을, 다른 30퍼센트는 실패한 삶을, 40퍼센트는 평범한 삶을 살았다.

"왜 똑같이 하버드를 졸업하고서도 누구는 성공하고, 누구는 참담하게 실패한 인생을 살까?" 그것은 각 개인이 갖고 있던 정신력의 차이 때문이었다. 성공의 요건은 지력이나 재력이 아니었다. 결국 그것은 정신력이었다.

재능보다 인내심이, 조건보다는 자신에게 주어지는 온갖 도전을 잘 이겨낸 사람이 결국은 잘 되더라는 이 연구는 인생에서 포기하지 않는 자세가 얼마나 중요한가를 여실히 보여주었다.

자신감만 갖고는 인생을 잘 살아갈 수 없다. 자신감과 더불어 어려운 과제를 인내하는 과제 인내력, 지식과 지혜를 동원해서 고난을 극복해가는 문제 해결력 등이 수반되어야 성취감으로 이어진다. 그리고 이러한 성취감을 얻을 수 있을 때 아이의 '근거 없는 자신감'은 '진정한 자존감'으로 거듭날 수 있다.

　'사람은 누구나 장점과 단점이 있다. 게다가 난 아직 어려서 서툰 것도 많다. 그럼에도 나는 꽤 괜찮은 아이다. 엄마 아빠도 나를 그렇게 보고 있고, 선생님과 친구들 주변 사람들이 모두 나를 괜찮은 아이로 보고 있다. 나의 부족한 점은 자라면서 점점 나아지고 좋아질 것이다. 난 잘해낼 수 있다. 왜? 난 괜찮은 아이니까.'

　유년시절, 아이 안에 이러한 자기존재감이 서 있을 수 있다면 좋겠다. 그래야 미래 시대에 당당한 1인으로 살 수 있을 것이다.

　처음 아이를 낳고, 난 무척 두려웠다. 늦게 어렵게 낳아서인지 나의 조바심은 보통보다 심했다. 이 아이를 완벽하게 끝까지 보호해줘야 한다는 강박이 들었던 것 같다. 어린 자식을 두고 먼저 세상을 떠나는 엄마 이야기를 들으면 눈물이 앞을 가려 힘들었다. 그런 말을 들으면 정신이 아득해지고 무기력증에 빠지기도 했다.

　지금 나는 편안하다. 아이는 아직도 내가 돌봐주고 보호해줘야 할 대상이지만 처음처럼 긴장되거나 힘들게 느껴질 정도는 아니게 되었다. 우선은 자기긍정, 아이긍정을 하게 되면서 아이 안의 힘을 보았다. 상처를 받고 어려움을 겪어도 아이 안에 아무런 면역력이 없지 않다는 걸 알게 되었다. 사람은 누구나 상처회복능력을 갖고 태어나는데 이것이 좀 더 잘 작동되도록 도와주는 일이 결국은 내가 할 수 있는 가장 완벽한 보호법이라는 걸 알았다. 또 하나는 신앙이었다. 아이를 내가 믿는 분께 맡기면 내 눈이 닿지 않는 곳, 내 힘이 닿지 않는 곳에서 보호해주실 거라는 믿음이 나를 꽤 많이 안심시켜주었다.

아이는 자기 안의 상처회복력을 키워가야 한다. 기도하는 엄마 옆에서 기도하는 법을 배우는 것도 큰 도움이 될 것이다. 기도는 어려움과 역경이 닥칠 때 묵상 속에서 어떻게 스스로를 위로하고 어떻게 일어서야 하는지를 가르쳐주는 삶의 유용한 방식이다. 신앙은 각자의 결단의 문제이니까 여기서 더 말하지는 않겠다. 다만 신앙이 무엇이든 아이를 키우는 부모라면 물적 토대, 인적 토대에 더해 영적 토대까지 생각하면서 양육에 임했으면 좋겠다. 성당이든 절이든 교회든 기도할 줄 아는 부모는 이미 큰 자산을 갖고 있는 셈이다.

하지만 기도는 때로 추상적이어서 아이 마음에 선뜻 다가서지 못할 때도 있을 것이다. 아이에겐 추상적인 힘과 구체척인 힘, 둘 다 필요하다. 구체적으로 어떻게 도와줄 수 있을까.

내가 가장 잘 사용하는 방법 중 하나는 역경 극복을 잘하는 인물 활용하기다. 위인전에 나온 인물도 유용하지만 그보다 더 마음에 와 닿는 사람들이 있다. 바로 나와 동시대에 사는 가까운 인물들이다. 김연아, 박태환, 야구 국가대표선수들은 요즘 나한테 큰 자원이 되어주고 있다.

김연아 선수가 엉덩방아를 찧고 크게 넘어졌을 때, 하지만 얼른 일어나 남은 경기를 멋지게 안정된 모습으로 펼칠 때, 난 우리 아이와 앉아서 그 녹화방송을 몇 번이고 되돌려보면서 감탄하곤 했다. "와아, 넘어졌을 때 얼마나 아팠을까. 얼마나 창피했을까. 그 생각만 줄곧 했으면 나머지 경기를 저렇게 잘하지 못했을 거야. 김연아 선수가 가장 훌륭한 건, 바로 그 점이야, 넘어진 건 얼른 잊어버리고 남은 경기를 멋지게 잘해내는 것, 엄만 그게 너무 놀랍다. 엄마도 저러고 싶어."

진심으로 나는 그녀의 용기가 부럽고 놀라웠다. 그런데 이렇게 엄마가 감동적으로 그 감정을 되새김질하면 아이는 마치 자기 일이라도 된 양, 얼굴이 상기돼서 내 눈을 마주보곤 했다. 아하, 이런 교육도 꽤 유용하겠다 싶었다.

박태환 선수가 단거리에서 우승하고도 중거리에 다시 도전한 일도 좋은 교과서였다. "그냥 가만있어도 금메달로 칭찬받는데 또 도전했어. 확실한 우승 후보가 아닌데도 출전한 것 봐. 박태환 선수는 저래서 정말로 훌륭한 선수인 거야." 올림픽 경기를 보면서도 박태환 선수의 아름다운 도전은 엄마 입을 통해 몇 번이고 칭찬되었다.

2008올림픽 야구나 2009 WBC 대회 등 한국야구 선수들이 보여주는 최근의 승전보들은 아이한테 더욱 인상적인 시간들이었다. 선수들이 역경을 극복하는 과정은 그 자체가 하나의 산 교과서였다. 위기를 넘기는 순간들, 빡빡한 긴장과 떨림 속에서 하나하나 승리의 단추를 채워나가는 과정들은 야구를 좋아하는 아들한테 너무나 인상적이고 감동적인 장면들이었다. 나같이 아이 키우는 부모에게 우리나라 스포츠 선수들은 정말로 큰 절을 하고 싶을 정도로 고마운 사람들이 아닐 수 없다.

엄마 달인 이야기 중에 미술체험 최순주씨와 성교육 남화애씨의 자녀 사례도 참조가 된다. 역경이 아이를 많이 힘들게 할 때 그럴 땐 위급처방이 필요하다. 바로 엄마가 아이 손을 꽉 잡고 곁에 바짝 붙어 있는 것이다.

엄마의 강력한 사랑은 지친 아이들한테 큰 안정제가 되어주었다. 그러다 아이가 조금씩 나아지면 엄마들은 조금씩 손을 놓고 멀어져가는 일도 참 잘했다.

애가 얼마나 마음고생한 아이인데 안쓰러워라. 힘든 건 가급적 시키지 말

자. 이런 태도가 아니었던 것이다. 아플 땐 옆에서 극진히 돌봐주고, 조금씩 나아지면 멀찍이 떨어져 홀로서기를 훈련시키는 이 엄마들의 지혜가 나는 평범하게 보아지지 않는다. 그 엄마들은 아이에게서 급한 불을 끄고 나면 멀찍이 떨어져 대신 기도를 했다. 최순주씨는 교회에서, 남화애씨는 절에서.

인디언이 기우제를 지내면 반드시 비가 왔다고 한다. 그건 비가 올 때까지 기도하기 때문이란다. 예전에는 인디언을 조롱하는 유머로 많이 이야기 되었던 인디언 기우제가 이제는 그랜트 스터디 연구 결과와 연계되어 위대한 인간정신력의 예화, 가장 참되고 아름다운 인간 삶의 자세로 받아들여지고 있다. 고영건 박사의 『인디언 기우제』라는 책을 기회가 된다면 꼭 읽어보기 바란다. 이런 해석이 나온 시대에 내가 살고 있다는 것이 너무나 감사하다.

인디언 기우제의 주인공인 북미 원주민 라코타 족의 호피 원주민들은 척박한 삶의 조건 속에서도 끝까지 희망을 버리지 않고 기도했다. 비가 안 와도 실망하지 않았고 비가 오면 감사해할 줄 알았다. 인디언들의 위대한 '자아 연금술'은 오늘 내 마음을 더욱 평화롭게 해준다. 알고 보면 세상에 왔다 간 수많은 위대한 사람들도 모두 그렇게 저마다의 자아연금술을 갖고 살다 갔다.

인생에서 가장 소중한 것은 바로 그런 긍정적인 자아연금술이다. 나는 이제 그게 무슨 말인지 알 것 같다. 아이가 궁극적으로 키워나가야 할 것은 상처회복능력을 통해 바로 자신만의 자아연금술을 갖는 것, 부모는 바로 그걸 잘하도록 도와주어야 하는 것이다.

인생 초기의 기억은 힘이 세다. 어떤 사람의 현재가 도저히 이해 안 되다가도 그 사람의 성장배경과 어린 시절 이야기를 들어보면 '아 그래서 그렇구나' 이해될 때가 많다. 심리학자 프로이트는 한 사람의 모든 과오는 어린 시절에 배태된다고 했다. 프로이트를 배우고 난 후, 나는 인간을 보다 잘 들여다볼 수 있게 되었고 보다 잘 설명할 수 있게 되었다.

다만 그의 이론은 나같이 소심한 부모를 덜컥 겁먹게 해버렸다. 아이의 인생이 부모의 영향을 많이 받는다는 걸 설득하는 경지를 넘어서서 '그러니 당신들 모두 똑바로 잘해, 안 그러면 큰일나!' 식으로 겁도 먹게 했다. 그래서일까? 부모인 나 자신에 이어 아이까지 주눅든 시선으로 바라보곤 했다. 나처럼 불완전한 부모 밑에서 이런저런 상처를 잔뜩 받았을 이 아이를 이제 어쩐다?

초보 부모 시절, 아이의 약점을 고민하는 부모들이 많다. 나도 좀 그랬던 것 같다. 물론 아이의 강점을 보며 기쁘기도 했지만 이상하게도 맨 나중에 남는 감정은 늘 따로 정해져 있었다. 그게 중요한 게 아냐. 중요한 건 아이가 가진 저 약점이야. 나는 자꾸만 아이 약점, 그리고 그걸 확대해놓은 듯한 나의 약점에 확대경을 들이대기 시작했다. 육아는 점점 피로한 일이 되었다. 신경증에 걸릴 지경이었다.

그 무렵, 미국에서 막 들어오신 최성애 박사님과 방송 준비를 하면서 이런저런 이야기를 나눌 기회가 있었다. 말씀을 듣다보니 그러한 오류가 나만의 오류가 아니었다는 것을 알게 되었다. 최 박사님에 따르면, 서구의 심리학이

나 소아 정신의학도 한동안 아이의 상처를 째고 치료하는 방향으로 흘러갔던 것 같다. 그런데 수십 년 동안 그렇게 열심히 치료했건만 아이들은 더 많이 위축되고 주눅들고 힘들어했다.

아, 이렇게 하면 안 되겠구나. 서구학자들은 아이를 다시 들여다보기 시작했다. 어린이의 속성, 아니 생명의 속성을 다시 이해하기 시작한 것이다. 그리곤 깨닫게 되었다. 아이의 약점을 보완해줄 게 아니라 강점을 강화시켜주는 것이 더 낫겠구나.

긍정심리학은 그런 배경에서 나오게 된 것이 아닐까. 1998년 미국 펜실베이니아대학교 마틴 셀리그만^{Martin Seligman} 교수는 미국 심리학회 회장 취임사에서 다음과 같이 말했다.

"심리학자는 이제 부정적 행동에서 긍정적 행동에 관심을 돌릴 필요가 있다. 개인이 갖고 있는 긍정적 행동 특성이나 잠재적 기능을 발견하고 그것을 보다 적극적으로 키워주는 것이 더욱 필요하다."

현대 심리학은 중요한 방향 전환을 했다. 전에는 어떻게 하면 '불행하지 않을까'에 확대경을 들이댔다면, 이제는 어떻게 하면 '행복해질까'를 더 많이 연구하게 되었다고나 할까. 이것 또한 디지털 시대의 신호탄이었던 것 같다.

암 치료법처럼 당장에는 나를 죽일 것 같은 암을 도려내거나 달래놓을 필요는 있겠지만 궁극적으론 나의 면역력, 자기회복력을 스스로 되찾아야 한다. 현미밥과 야채, 맑은 공기, 맑은 물, 평화로운 마음…… 이런 긍정적인 요소들이 내 병을 치료하듯 우리는 우리를 진단하고 치료하려고 하는 상담실을 나와 내 정신의 면역력을 회복해야 한다.

자기긍정과 아이긍정. 이것부터 조심스럽게 시작해야 한다.

나도 그랬다.

양육 프로그램 작가를 10여 년 하는 동안 난 직업상 많은 전문가 선생님들을 가까이 대할 수 있었고 처음 한동안은 전문가에게 의존하는 부모였다. 고마운 것은 그분들이 '진짜 전문가'들이었기에 나로 하여금 자기면역력, 자기주도성의 중요함에 눈을 뜨게 해주었다는 점이다. 그후 나는 내 안에 쌓인 지혜와 더불어 책과 명상을 통해 답을 찾아가는 부모로 거듭날 수 있게 되었다. 일명 자기주도방식의 양육법에 눈을 뜨게 된 것이다. 내가 안정되어가면서 아이도 자신감 있는 아이, 자존감 있는 아이로 변해갔다. 엄마와 아이의 감정선은 생각보다 훨씬 밀접하게 연결되어 있다는 걸 알 수 있었다. 주변을 둘러보니 몇몇 부모들이 이미 그 길을 가고 있었다. 이 책에 실린 엄마 달인들도 바로 그런 분들이었다.

엄마 달인들은 자기긍정과 아이긍정을 통해 양육의 방향을 일찌감치 잘 잡고 있었다. 물론 그들에게도 좌절과 실패를 경험했던 순간들이 있었는데, 이것이 내게는 오히려 더욱 교훈적으로 들렸다. 그분들의 이야기를 듣다보면 양육의 이론과 원칙이 한국사회 안에서 실제로 어디에 얼만큼 작동될 수 있는가가 보이기도 했다. '현실'을 보여주었다고나 할까.

성교육에 대해 들려준 남화애씨는 '당당한 엄마'의 모델감이라고 생각한다. 일하는 엄마였기에 자녀들의 어린 시절을 가까이에서 지켜주지 못했지만 그녀는 자식 앞에서 조금도 주눅들어 하지 않았다. 엄마도 열심히 돈을 벌고 일을 했어. 나가서 놀다 온 것이 아니야. 엄마에게도 엄마 인생이 있어. 배운 만큼 펼치고 사회에 공헌하는 나만의 삶이 있는 거지. 하지만 내가 엄마라는 사실은 한시도 잊지 않으려고 노력했다. 그러니까 너희가 힘들어하고 목말라할 때는 내 시간을 잠시 포기하고 기꺼이 너희들에게로 달려갔어. 옆에 바짝 다가앉아 너의 손을 잡아주었지. 나는 내가 잘할 수 있는 모성으로 너희에게 필요한 엄마가 되고 싶어. 내가 못하는 건 미안하지만 억지로 잘하려고 하지 않을래.

남화애씨는 실제로 중학교 때 심리적인 어려움을 겪었던 딸이 고등학교 들어가 공부에 관심도 갖고 대학도 진학하겠다고 하자, 고등학교 3학년 때 안식년을 갖고 직업 일선에서 물러나 딸의 곁을 지켜주기도 했다. 이만큼은 해야 한다고 생각했던 것이다. 딸은 엄마의 기대에 부응, 입시에서 좋은 결과를 얻었다.

생태지기 박영미씨도 당당한 엄마다. 세상일과 자신의 문제로 머리가 아플 때, 그녀도 한때 자식 곁을 잘 지켜주지 못했던 때가 있었다. 그러나 그녀가 좋아하고, 잘할 수 있는 일, 즉 생태 공부에 집중하는 것으로 어지러운 자신을 추스렸다. 그리고 그 내공을 고스란히 딸에게 물려주었다.

네가 자랄 때 엄마는 한 손은 네 손목을 잡고 한 손으론 내 공부를 했지. 두 손 다 너에게 주지 못했지만, 그래도 엄마는 그때 그 공부를 안 했으면 건강하게 지금처럼 거듭나기 어려웠을 거야. 엄마가 비워준 그 몫만큼 네가 단단해졌다고 생각하렴.

엄마의 이런 당당한 태도 덕분에 딸 효인이도 그토록 야무진 아이가 될 수 있었던 게 아닐까. 자식은 어쩌면 직감하고 있을지도 모른다. 엄마가 내게서 등 돌릴 때, 그 눈이 어디를 향하고 있는지. 쓸데없는 곳에 낭비하고 있는지, 아니면 건강한 엄마로 거듭나기 위해 안간힘 쓰며 자신을 향한 재투자를 하고 있는지. 이 미묘한 차이가 자녀를 독립적인 아이가 되게 할지, 방황하는 아이가 되게 할지 결정하는 것은 아닐까.

　상담이 유일한 답이 아니듯 역시나 엄마 달인들만이 유일한 답은 아닐 것이다. 그러나 엄마 달인들이 준 교훈을 잘 곱씹다보면 적어도 한국사회에서 아이를 어떻게 키워야 하는지 제법 안정된 플랜을 가질 수 있을 것 같다.

　이웃의 아이 잘 키우는 선배들을 보면서, 또 긍정심리학의 관점에서 쓰인 책을 읽고 스스로 명상하면서 나는 다음 두 가지를 할 수 있게 되었다.

　하나, 아이의 모든 오류와 얼룩이 나로 인해 만들어지고 있다는 강박에서 벗어나기.

　둘, 내가 잘할 수 있는 강점 모성으로 아이가 잘하는 걸 밀어주기.

　이것이 엄마도 행복하고 아이도 행복하게 한다. 행복은 아주 힘이 세다. 나에게 있는 장점을 떠올리고 나니 금세 행복해졌고 벌써부터 잘 될 것이라는 긍정적인 기운이 내 안에 가득 차오르는 걸 느낄 수 있었다. 나는 그렇게, 그동안에 가졌던 육아에 대한 오해에서 벗어날 수 있었다.

　당당한 엄마 되기, 물론 언제나 잘 되는 것은 아니다. 예를 들자면 이런 일이다. 나는 만들고 오리는 걸 잘 못한다. 나의 이웃이자 품앗이 동료인 문경희씨는 그걸 참 잘한다. 그 집 딸이 엄마와 오리고 붙이고 요리하는 모습을 보다가, 저 혼자 끙끙거리며 미술놀이를 하는 우리 아이를 보면 처음엔 약간 미안해진다. 하지만 얼른 고개를 젓고 속으로 이렇게 다짐한다.

　'경원아. 나 같은 엄마를 만난 것도 네 팔자야. 대신 엄마는 다른 걸 잘해주잖아?'

　이 책에 나와 있는 다양한 한국의 엄마들은 우리에게 말하고 있다. 당신이 잘할 수 있는 모성에 올인 하라고. 다 잘하려고 하지 말고! 우리가 우리 자신이 가진 걸로 당당하려면 우리 아이들에게도 자주 말해줘야 한다.

'얘야, 니가 잘할 수 있는 것을 열심히 하렴. 다 잘하려 하지 말고. 그만하면 넌 참 괜찮은 아이야.'

나는 자식을 위해 뭐든 다 잘하려고 진을 빼다가 우울증에 빠지고 싶지 않다. 내 자식이 무덤에 와서 불효자는 웁니다, 라며 뒤늦게 목놓아 울기를 바라지도 않는다. 그건 내가 얼마나 불행했는지의 반증이며, 또 내 자식이 뒤늦은 고통과 회한에 목을 매고 살아야 한다는 얘기인데, 오, 안 될 말이다!

마찬가지로 난 내 아이가 부모 체면을 위해 오늘을 반납한 채 미친 듯이 달려가기를 바라지도 않는다. 그렇게 얻어 온 성공은 염치가 없어 못 받겠다. 나는 가능한 한, 행복이란 파이를 내 아이와 사이좋게 나누며 오늘을 살갑게 살고 싶다. 그런 엄마로 살다가 이윽고 세상을 떠날 때 듣고 싶다.

'엄마, 그만하면 됐어요. 엄마는 제게 참 괜찮은 엄마였어요.'

서문에서 밝힌 위니콧의 '괜찮은 엄마' 개념을 지금 우리 시대 코드로 표현하자면 엄마 달인이 될 수 있겠다고 생각했다.

엄마 달인, 나도, 그리고 당신도 될 수 있다.

특별한 감사를 드리며

모성은 좋은 스승을 만날 때 똑똑해집니다.

제대로 된 '양육'의 눈을 틔워준 아기발달전문가 김수연 선생님, 유아 교육의 핵심을 깨우쳐준 신의진 선생님, 교육학과 심리학의 멋진 조화를 알려준 최성애, 조벽 박사님, 아기 건강을 가르쳐준 하정훈 선생님, 인지교육의 전모를 눈치채게 해준 김미라 최정금 김진구 선생님, 학교공부 잘하는 법을 가르쳐준 『평생성적 초등4학년에 결정된다』의 저자 김강일 선생님, 독서교육의 기본을 일깨워준 동화평론가 김서정 선생님, 아이 잘 키우려면 남편과 사이 좋게 사는 법부터 알아야겠다고 결심하게 해준 부부 전문가 김병후 선생님, 남편뿐 아니라 세상 모든 이웃과 소통하고 관계 맺는 법을 일깨워준 정신과 전문의 하지현 선생님…… 일일이 적기 어려운 스승님들이 많습니다. 정말 감사합니다.

EBS 〈60분 부모〉를 함께 제작했던 진행자, 동료작가, 피디 여러분께도 감사드려요. 프로그램 안에서, 또 밖에서 우린 늘 '좋은 부모'를 고민하고 멋진 호흡을 맞췄었죠? 강영숙 손복희 피디, 〈다큐프라임 엄마가 달라졌어요〉를 같이 만든 김동관 피디께도 감사드려요. 여러분과 '좋은 부모'를 고민할 때 참 행복했습니다.

모성은 가족의 도움 속에서 잘 발휘됩니다. 내 모성은 아주 운이 좋습니다. 돌아가신 엄마 故신희수님은 내게 괜찮은 엄마가 어떤 모습인지 삶으로 보여주셨습니다. 그리운 엄마, 지금도 꿈속에서 가끔 만납니다.

이 책을 쓰는 동안 팔순이 넘은 나의 아버지 정석원님과 시부모님께선 자립적인 노후생활을 하시며 자식의 걱정을 덜어주셨습니다. 멀리 외국에서 항상 사랑과 염려를 보내주는 언니 정미진과 살가운 형님 안길자님, (친오빠 같은 아주버니 현기창님께도) 감사드립니다. 두 분의 모성을 많이 배우고 있는 중입니다. 내 동생 정진호와 올케 임성희는 가족 안에서 내가 해야 할 몫을 대신 해주었습니다. 책을 쓰는 동안, 세상을 떠난 내 동생 故정제호와 열심히 간병해준 작은 올케에게도 사랑을 보냅니다. 제호야, 누나는 평생 너를 잊지 않을 거야.

아들과 남편의 희생도 컸습니다.

나의 아들 경원아, 이 책의 모든 구절을 쓰는 동안 네 생각을 했단다. 나 같이 부족한 엄마에게 와줘서 너무 고마워.

그리고 여보, 기진씨. 틈틈이 숲 산책을 시켜주며 내게 '휴식'과 '생각'을 불러 일으켜준, 당신의 영감도 이 책에 큰 도움이 됐어요. 당신에게만 있는 그 특별한 감성이 당신에 대한 내 사랑을 마르지 않게 합니다. 사랑해요.

나를 키워주신 여러분들께 감사드리며. 정재은 드림

엄마 달인
© 정재은 2009

| 1판 1쇄 | 2009년 6월 15일 |
| 1판 3쇄 | 2011년 2월 7일 |

지은이	정재은
펴낸이	김정순
기획·편집	김소영
디자인	김리영 모희정
마케팅	한승일 임정진 박정우
펴낸곳	(주)북하우스 퍼블리셔스
출판등록	1997년 9월 23일 제406-2003-055호

주소	121-840 서울시 마포구 서교동 395-4 선진빌딩 6층
전자우편	editor@bookhouse.co.kr
홈페이지	www.bookhouse.co.kr
전화번호	02-3144-3123
팩스	02-3144-3121

ISBN 978-89-5605-369-1 03590

이 도서의 국립중앙도서관 출판도서목록(CIP)은 e-CIP 홈페이지(http://www.nl.go.kr/cip.php)에서
이용하실 수 있습니다. (CIP제어번호 : CIP2009001701)